Peter Kastberg

Kondensation und Expansion in Fachtexten der Technik

Forum für Fachsprachen-Forschung
Hartwig Kalverkämper (Hg.)
in Zusammenarbeit mit Klaus-Dieter Baumann
Band 128

Peter Kastberg

Kondensation und Expansion in Fachtexten der Technik

Frank & Timme
Verlag für wissenschaftliche Literatur

ISBN 978-3-7329-0221-7
ISSN 0939-8945

Herstellung durch Frank & Timme GmbH,
Wittelsbacherstraße 27a, 10707 Berlin.
Printed in Germany.
Gedruckt auf säurefreiem, alterungsbeständigem Papier.

www.frank-timme.de

Inhaltsverzeichnis

Danksagung

Meine erste Begegnung mit dem Phänomen der Kondensation in der Fachsprache der Technik verdanke ich Professor Siegfried Weber, Technische Universität Chemnitz, der mich durch seinen Enthusiasmus zur Auseinandersetzung mit diesem Thema anregte.

Aus dieser ersten Begegnung erwuchs allmählich meine Doktorarbeit, die ich 1998 erfolgreich verteidigte. Ich danke meinem Doktorvater Helmut Molly, Wirtschaftsuniversität Aarhus, der während der drei Jahre meines Promotionsstipendiums immer bereit gewesen ist, mir mit Rat und Tat zur Seite zu stehen.

Von ganzem Herzen danke ich Professor Hartwig Kalverkämper, Humboldt-Universität zu Berlin, dafür, dass er sich während meines Forschungsaufenthaltes in Berlin im Sommer 1996 stets die Zeit für inspirierende Fachgespräche mit mir genommen hat. Mein aufrichtiger Dank gebührt ihm auch für seine Bereitschaft, eine revidierte und – vor allem – stark gekürzte Fassung meiner Doktorarbeit in die Reihe „Forum für Fachsprachen-Forschung“ aufzunehmen.

Und, Marianne, Du bist in diesem Prozess meine *conditio sine qua non* gewesen.

Peter Kastberg　　　　　　　　　　　　　　　Aarhus, Februar 2015

1 Einleitung: Situierung und Forschungsagenda

In der deutschen Forschungsliteratur zur Fachsprache der Technik herrscht – bei allen Unterschieden in Methode und Theorie – dahingehend ein Konsens, dass sich diese Fachsprache durch eine Tendenz zur Kondensation (Beneš 1973) auszeichnet. Wird Kondensation auch teilweise anders genannt, z.B. „Knappheit des Ausdrucks" (Ziehe 1964), „Verdichtung" (vgl. z.B. Sommerfeldt 1982, Weber 1985, Fleischer/Barz 1995), „Komprimierung" (Heringer 1988, Fabricius-Hansen 1986 und Polenz 1988) oder „Volumenreduzierung" (Horn-Helf 1997: 67), so lässt sich der Sachverhalt, um den es geht, mit Fluck folgendermaßen zusammenfassen:

> „Die hohe Informationsdichte bei gleichzeitiger sparsamer Verwendung sprachlicher Mittel ist ein wichtiges Charakteristikum naturwissenschaftlich-technischer Texte." (Fluck 1985: 81)

Die Kondensation steht somit im Mittelpunkt zweier Bestrebungen: Einerseits der Absicht, die fachsprachliche Äußerung möglichst kurz zu fassen. Andererseits dem Wunsch, dass die fachsprachliche Äußerung aufgrund dieser Kürze nicht an Informativität einbüßen soll. Angesichts des Konsenses, dass Kondensation zum rhetorisch-stilistischen Inventar (dazu z.B. Baumann 2009 et passim) der deutschen Fachsprache der Technik gehört, scheint die Frage berechtigt, in welcher Weise eine Arbeit, die sich dem Thema Kondensation widmet, Neues bringen kann. Das kann sie an entscheidenden Punkten. Obwohl Konsens herrscht – oder vielleicht gerade weil Konsens herrscht –, hat sich die relevante Forschungsgemeinde nicht damit befasst, eine einheitliche theoretische Basis zu entwickeln. Dass eine einheitliche Basis noch fehlt, führt dazu, dass man das *Phänomen* Kondensation nicht beschreibt bzw. nicht beschreiben kann. Es ist immer von Einzelfällen die Rede, die – auf irgendeine Weise – als ein ‚Ausdruck von Kondensation' interpretiert werden. Und bei allem Konsens gibt es in der einschlägigen Literatur seit Beneš (1973) auch keine Arbeit, die sich mit dem *Thema* Kondensation ausführlich auseinandersetzt. Zu verzeichnen sind lediglich vereinzelte Studien, die sich mit z.T. sehr verschiedenen Ausprägungen der Kondensation befassen. Die vorliegende Arbeit ist der erste systematische Schritt in Richtung einer Beseitigung dieses Forschungsdefizits. Dementsprechend beginnt diese Arbeit zum Thema Kondensation in der Fachsprache der Technik mit der Identifikation, Präsentation und Diskussion relevanter Studien, die sich mit dem Thema beschäftigt haben. Aus dieser Diskussion werden Gemeinsamkeiten abgeleitet, die zu einer Systematisierung dieser Arbeiten führen. Diese Systematisierung dient wiederum als Fundament zweier Handlungen. Einerseits als das Fundament einer kritischen Auseinandersetzung mit den so identifizierten und präsentierten Arbeiten und andererseits als das Fundament für die Erstellung der – wie erwähnt noch ausstehenden – theoretischen Festlegung des Phänomens der Kondensation in der Fachsprache der Technik.

Strukturell gliedert sich die Arbeit in zwei Hauptteile, einen theoretischen und einen analytischen. Im Theorieteil der Arbeit stellt sich zunächst die Frage, was Kondensation ist, bzw. welche sprachlichen Größen als Ausweis für Kondensation aufgefasst worden sind. Um diese Frage beantworten zu können, setze ich mich in Kapitel 2 mit neueren Arbeiten auseinander, die sich mit Kondensation befasst haben.

In den bisherigen Arbeiten wird das Thema Kondensation auf mehreren sprachsystematischen Ebenen angesprochen. Auf der Ebene der fachsprachlichen Lexik führt Ziehe einige deverbale und denominale Wörter und Wortbildungskonstruktionen auf, z.B. **-ung** und Ableitungen auf z.B. **-lich**, die – so Ziehe – Prädikationen in sich aufgenommen haben und deshalb als „[...] Konzentrate ganzer Sätze erscheinen [...]“ (1964: 63). Das gleiche Verhältnis nennt Beneš (1973) „Unterdrückung von Prädikation“, während Weber von „Umformung von Prädikation“ spricht (1985). Bei Reinhardt/Köhler/Neubert heißt es: „[...] für die Wiedergabe von Sachverhalten, die eigentlich durch mehrere Einzelwörter dargestellt werden müssten, sind besonders Verbalsubstantive geeignet [...]“ (1992: 145). Ob von aufgenommener, unterdrückter oder umgeformter Prädikation die Rede ist, oder ob ein Wort das wiedergibt, was „eigentlich durch mehrere Einzelwörter dargestellt werden“ müsste, diese Ansätze haben einen gemeinsamen Ausgangspunkt. Kondensiert ist eine sprachliche Größe dann, wenn sie durch eine andere sprachliche Größe, die extensional größer ist, an derselben Stelle im Text austauschbar ist. Dabei ist diese andere Größe jedoch ein auf interpretativem Wege gewonnenes Konstrukt – meist in Form eines vollständigen Satzes –, das angeblich im Bewusstsein der Sprachteilhaber vorhanden sein soll. Damit habe ich den Aspekt der

Verifikation angesprochen, denn die Frage ist berechtigt, wie die Urheber dieser Ansätze ihre Kondensationen verifizieren/falsifizieren können, wenn sie die Größe, auf die sie sich zur Verifikation der Kondensiertheit einer sprachlichen Größe berufen, selber konstruieren.

Als ein Beispiel dafür, dass diese Auffassung von Kondensation auch auf der Ebene der fachsprachlichen Syntax ihren Niederschlag gefunden hat, hebt man oft die Attribuierung hervor[1], wobei die Autoren davon ausgehen, dass Attribuierungen sogenannte degradierte Prädikate sind. So meint Weber z.B. in der Attribution **der wissenschaftliche Gerätebau** ein Kondensat der Prädikation **der Bau von Geräten zur Verwendung in der Wissenschaft**[2] sehen zu können. Aus dem Beispiel geht hervor, wie die zwei Ebenen Lexik und Syntax aus der Sicht der bisherigen Arbeiten miteinander verschmelzen. Denn das Lexem **wissenschaftliche** ist sowohl selbst ein Kondensat, da es eine Ableitung auf **-lich** darstellt, als auch Teil eines größeren Kondensats, nämlich das Attribut zu **Gerätebau.** So heißt es denn auch bei Beneš, dass „[...] durch Kombination der syntaktischen und lexikalischen Mittel die höchstmögliche Kondensierung [...]“ zu erzielen ist (Beneš 1981: 205f). Bestätigung findet diese Auffassung bei Reinhardt/Köhler/Neubert, die anführen, „[...] daß der Inhalt ganzer Sätze oder Wortgruppen in einem Wort [...]“ kondensiert werden kann (1992: 145).

Autoren, die der Kondensation auf der Ebene des Textes bzw. der Textsorte nachgegangen sind, haben bislang hauptsächlich nach dem Vorkommen von Kondensaten – im obigen Sinne – gesucht. Hinter einer solchen Vorgehensweise verbirgt sich folgende Grundannahme: Je mehr Kondensate in einem Fachtext auftreten, desto stärker ist dieser Fachtext kondensiert und *vice versa.* Unter der Voraussetzung, dass die Kondensiertheit messbar ist, folgert Beneš, dass die Textsorte Lexikon „[...] eine maximale Kondensation anstrebt [...]“ (1973: 48), weil sie viele solcher Kondensate beinhalte. Noch weiter geht Möhn, indem er das Schichtbuch „[...] als letztes Glied einer Sprachkomprimierung [...]“ (1978: 20) sieht, da diese Textsorte fast ausschließlich aus Kon-

1 In Auswahl: Beneš (1973: 43 und 1981: 202ff.), Weber (1995: 97ff.) und Fluck (1991: 56).

2 Abgesehen davon, dass ich in Kapitel 2 (besonders Kap. 2.1.3.1) kritisch auf die zugrundeliegende Auffassung zu sprechen komme, will mir nicht einleuchten, warum Weber im konkreten Fall gerade zu dieser Prädikation und zu keiner anderen gelangt. Denn nach den Regeln der deutschen Grammatik müsste man davon ausgehen, dass es eher heißen würde: **Der wissenschaftliche Bau von Geräten** o.ä., zumal ein Attribut normalerweise das Grundwort eines Determinativkompositums näher bestimmt.

densaten bestehe. Es fragt sich, ob es nicht möglich ist, eine theoretische Basis zu entwickeln, in der so unterschiedliche Ausdrücke für Kondensation wie einerseits lexikalische (z.B. Wortbildungskonstruktionen) und andererseits textsortengebundene (z.B. Lexikon) sowohl in Hinblick auf ihre (offensichtliche) Eigenart als auch in Hinblick auf ihre etwaige Überschneidung behandelt werden können, ohne dass alle Ausdrücke für Kondensation miteinander verschmelzen müssen.

Ich schlage vor, dass man sich zur Behandlung des Themas Kondensation auf die zwei Größen bezieht, die eine Kondensation konstituieren. Denn die Voraussetzung dafür, dass man von einer sprachlichen Größe sagen kann, sie ist kondensiert, ist eine Gegenüberstellung dieser Größe mit einer anderen sprachlichen Größe, die dadurch gekennzeichnet ist, eben nicht kondensiert, sondern expandiert zu sein.[3] Aus dieser Zweiseitigkeit der Kondensation ergibt sich, dass man dem Thema Kondensation theoretisch nicht gerecht werden kann, wenn man sich allein mit der kondensierten Größe, dem Kondensat, befasst. Man muss der expandierten Größe, dem Expandat, aus Gründen der methodischen Redlichkeit dieselbe Wichtigkeit zugestehen. Außerdem müssen beide Größen textuell aktualisiert sein, denn nur dann können sie und die Relation zwischen ihnen analysiert werden. In diesem Punkt unterscheidet sich diese Arbeit von allen bisherigen Ansätzen.

Von dieser Grundannahme ausgehend, habe ich in Kapitel 3 das Modell der Kondensation als eine aktuelle Relation entwickelt. Da dieses Modell einen einheitlichen Zugang ermöglicht, bedarf es eines einheitlichen Rahmens, weswegen das Modell auf zeichentheoretischer Basis entwickelt wird. Mit dem Modell zeige ich, dass Kondensation/Expansion nicht nur auf einer Ebene bzw. auf vereinzelten Ebenen linguistischer Betrachtung anzusiedeln ist, sondern dass Kondensation/Expansion als *ein* Thema behandelt werden kann, das von der Ebene der Morpho-Lexik bis hin zur Textsorte verfolgt werden kann. Die Antwort auf die weitere Frage, wie Kondensation/Expansion in dem von mir vorgeschlagenen Sinne fachsprachlich zum Ausdruck gebracht wird, ist vom Modell vorgegeben. Weil das Modell auf zeichentheoretischer Basis konzipiert wird, haben die Manifestationen von Kondensation/Expansion in Fachtexten allein ihre Übereinstimmung mit dem Modell als gemeinsamen Nenner. Ich liste sie deshalb anschließend nach individuellen Merkmalen und in interner

3 Vgl. dazu auch Kalverkämper (1987) und Kretzenbacher (1990).

Hierarchisierung in einem Katalog auf. Jeder Eintrag im Katalog macht eine Kondensations-Erscheinung aus.

Im Analyseteil dieser Arbeit beschäftige ich mich zunächst mit der Frage, wo kondensiert/expandiert wird. In der bisherigen Forschungsliteratur geht man der Kondensation in der „wissenschaftlichen Literatur“ (Ziehe 1964), im „Fachstil“ (Beneš 1973), in der „wissenschaftlichen Fachsprache“ (Beneš 1981), im „Fachtext“ (Weber 1985) oder „in der deutschen Fachsprache der Technik“ (Reinhardt/Köhler/Neubert 1992) nach. Diese Angaben sind – am heutigen Stand der Fachsprachenforschung gemessen – zu grobmaschig. Denn aus einer Angabe wie z.B. „Fachtext“ ist nicht ersichtlich, aus welcher Textsorte (vgl. dazu Göpferich 1995), aus welcher Situation, aus welcher kommunikativen Konstellation (vgl. dazu Kastberg 2014) etc. dieser Fachtext stammt; auch kann man nicht sehen, von welchem Sachverhalt er handelt (vgl. dazu Krings 1996). Um einen engmaschigeren Zugang zu erreichen, habe ich in Kapitel 4 ein Textkorpus erstellt, das nach Textsorten und Sachverhalten differenziert ist. Weil sich das Textkorpus dieser Arbeit aus einer Reihe von Texten sowie Teiltexten aus vielfältigen Textsorten zusammensetzt, können erste Aussagen zum etwaigen textsortenspezifischen Einsatz von Kondensation/Expansion getroffen werden. Zu diesem Zweck untersuche ich im Kapitel 5 ausgewählte Manifestationen von Kondensation/Expansion aus dem oben erwähnten Katalog.

Weiter kann man fragen, warum überhaupt kondensiert/expandiert wird. Ich gehe mit Keller davon aus, dass „[…] der Einsatz sprachlicher Mittel […] Symptom des damit verfolgten Zwecks [ist]“ (1995: 120–121). Ich werde deswegen den Einsatz von Kondensation und/oder Expansion mit textstrategischen Überlegungen begründen. Die so auf analytischem Wege gewonnenen Ergebnisse werden vorgestellt und diskutiert. Die Analyse von Kondensation/Expansion in ausgewählten Fachtextsorten bildet damit einen Beitrag zur angewandten Fachsprachenlinguistik, die heute als eine Disziplin der „Angewandten Linguistik“ verstanden wird (hierzu z.B. Oldenburg 1992: 5ff.). Als Disziplin der „Angewandten Linguistik“ befasst sich die angewandte Fachsprachenlinguistik mit der „praktischen Sprachverwendung“ (Spillner 1989: 14). Diese „praktische Sprachverwendung“ lässt sich aber nicht pauschal in der Fachsprache der Technik, sondern nur in konkreten Fachtexten beobachten:

„Fachsprache existiert [...] nicht als selbständige Erscheinungsform der Sprache, sondern wird in Fachtexten aktualisiert." (Baumann 1986: 96)

Als eine Untersuchung des Sprachgebrauchs[4], der sich in Fachtexten, d.h. in referentiellen Texten-in-Funktion/Situation (Kalverkämper 1998: 39 et passim), manifestiert, steht diese Arbeit auch im Zusammenhang mit der „textuellen Fachsprachen-Linguistik", deren Entwicklung Kalverkämper (1983) gefordert hat. Wenn man sich Baumanns Behauptung anschließt, dass der „[...] Fachtext [...] das komplexeste Gebilde [ist], in dem die fachliche Kommunikation aktualisiert wird [...]" (1992: 105), ergeben sich methodische Konsequenzen für das linguistische Herangehen an den Fachtext. Denn will man der Komplexität des Forschungsgegenstandes ‚Fachtext' gerecht werden, so ist das Herangehen ‚komplex' zu gestalten (vgl. dazu vor allem Kalverkämper 2004: 19–20).[5] Ich ziehe mit Spillner den Schluss, dass die Angewandte Linguistik und mit ihr die angewandte Fachsprachenlinguistik, „[...] notwendigerweise eine integrative, eine inter-disziplinäre Wissenschaft [ist]" (1989: 14). Das Mittel der Zusammenführung der Disziplinen, und somit das, was die Interdisziplinarität herbeischaffen soll – nicht nur, was diese Arbeit betrifft, sondern für die angewandte Fachsprachenlinguistik im Allgemeinen –, ist das Thema der jeweiligen konkreten Untersuchung (hierzu Hentig 1989: 40), in diesem Falle das Thema Kondensation.

Im Kapitel 6 folgt eine Integration der im Kapitel 5 einzeln behandelten Formen. Ich möchte hier zeigen, wie die bisher isoliert behandelten einzelnen Kondensations-Formen nebeneinander in Texten auftreten und wie sie in Texte integriert sind. Die Arbeit schließt mit Kapitel 7, in dem ich die wichtigsten Ergebnisse zusammenfasse.

4 Wobei der Ausdruck ‚Sprachgebrauch' in Anlehnung an Hjelmslev (1966[1943]: 73) im Gegensatz zu Sprachsystem verwendet wird.

5 Vgl. dazu das – in diesem Sinne – komplexe Modell zur Fachkommunikation bei Schubert (2007) sowie die Erläuterungen zum disziplinären Komplexitätsanspruch der Wissenskommunikation bei Kastberg (2011).

1.1 Zur Struktur der Arbeit

Die Arbeit setzt sich aus sieben Kapiteln zusammen. Nach dieser Einleitung folgen in Kapitel 2 kritische Diskussionen ausgewählter Arbeiten zum Thema Kondensation.

Die Konsequenzen, die ich aus diesen Diskussionen ziehe, bilden in Kapitel 3 die Fundierung einer eigenen theoretischen Basis, eines Modells zur Kondensation. Dieses Kapitel beinhaltet ferner den Katalog von Kondensations-Formen.

In Kapitel 4 lege ich weitere methodische Überlegungen zum Analyseteil der Arbeit dar; ebenso wird an dieser Stelle das Textkorpus des Analyseteils eingeführt.

Das Kapitel 5 bildet den Analyseteil der Arbeit, in dem ich ausgewählten Kondensations-Formen aus dem Katalog im Textkorpus nachgehe. Hier werden fachlexikalische Formen aus dem Katalog herausgenommen und analysiert sowie anschließend die Analyseergebnisse vorgestellt und diskutiert.

Im Kapitel 6 folgt eine Integration der in Kapitel 5 einzeln behandelten Formen.

Die Arbeit schließt mit Kapitel 7, das die wichtigsten Ergebnisse zusammenfasst.

2 Zur Forschungslage

Für den Aufbau dieses Kapitels bietet es sich an, einem von zwei Ansätzen, dem historisch-autorbezogenen bzw. dem systematischen, zu folgen. Der historisch-autorbezogene Ansatz – bei dem die Auffassungen der verschiedenen Autoren, die bei der Lektüre der einschlägigen Literatur zum Thema „Kondensation"[6] hervortreten, der Reihe nach vorgestellt und diskutiert werden – hat den Vorteil, dass eine Art Chronologie aufgestellt werden kann. Diese Chronologie – sei sie auch wissenschaftshistorisch von Interesse – würde aber fast zwangsläufig eine Vielzahl von inhaltlichen Wiederholungen mit einbeziehen, die zur Erreichung der für diese Arbeit gesteckten Ziele keinen Beitrag leisten würden, zumal keine diachronisch bzw. diachronisch-terminologisch ausgerichteten Aussagen über Kondensation *per se* gewonnen werden sollen (vgl. Kapitel 1). Ich werde deshalb diesem Ansatz nur zum Zweck einer kurzen Einführung folgen (Kap. 2.1.1 bis 2.1.3).

Es liegt folglich auf der Hand, nach einer kurzen Einführung (ab Kap. 2.1.3.1) den systematischen Ansatz zu wählen, bei dem zur Darstellung des Begriffs „Kondensation" wesentliche Themen aus den verschiedenen Arbeiten zur „Kondensation" extrahiert werden, um dann nacheinander vorgestellt und diskutiert zu werden. Obwohl die Zahl der Wiederholungen im Verhältnis zum historisch-autorbezogenen Ansatz dadurch reduziert werden kann, kann eine durch die Themenauswahl selbst gegebene Redundanz nicht völlig ausgeschlossen werden. Vorteil des systematischen Vorgehens ist aber, dass die Themen gemäß ihrer Eigenart ausführlicher und vor allem gründlicher gefasst und diskutiert werden können. Was den systematischen Ansatz schließlich besonders attraktiv macht, ist die Tatsache, dass zu jedem Thema eine Stellungnahme erfolgen kann, an die dann im Kapitel 3 direkt angeknüpft wird, wo in vor allem kritischer Abgrenzung zu Kapitel 2 eine Neufassung des Begriffs der „Kondensation" vorgeschlagen wird.

6 Im Kapitel zur Forschungslage werde ich stets „Kondensation" und „kondensiert" mit Anführungszeichen versehen, da der Begriff „Kondensation" in diesem Kapitel mit dem noch zu entwickelnden eigenen Begriff Kondensation (Kap. 3.1) nicht übereinstimmt.

2.1 Zum Begriff der „Kondensation“ in der Forschung

Ehe die themenspezifische Diskussion erfolgen kann (vgl. Kap. 2.1.3.1 bis 2.1.3.1.1.3), bedarf es einer näheren Eingrenzung dessen, was unter „Kondensation“ verstanden werden soll. Diesem Zwecke dient ein thematischer Abriss früherer Ansätze, der keinen Anspruch auf Vollständigkeit erhebt, sondern nur Argumente dafür liefern soll, dass sich die Behandlung des Begriffs der „Kondensation“ prototypisch in drei Hauptströmungen differenzieren lässt. Diese bislang ausstehende Differenzierung bahnt anschließend den Weg für eine kritische Auseinandersetzung mit der in der heutigen Fachsprachenforschung vorherrschenden Auffassung von „Kondensation“.

Die erste Systematisierung, die in diesem Kapitel erfolgt, ist die Aufteilung der relevanten Forschungsansätze nach deren Anwendungs- und Aussagebereich: die intersprachliche Kondensation (Kap. 2.1.1) und die intrasprachliche Kondensation (Kap. 2.1.2 und 2.1.3).[7] Da die intrasprachliche Kondensation die Kondensationsart ist, die in der aktuellen deutschen Fachsprachenforschung dominiert, soll diese Art auch in dieser Arbeit weiter verfolgt werden. Der Schwerpunkt der kritischen Auseinandersetzung verlagert sich im Laufe des Kapitels folglich auf die – im Vokabular dieser Arbeit – Kondensation in der Tradition nach Vaschek. Dementsprechend gehe ich an dieser Stelle ausgewählten Grundannahmen dieser Tradition kritisch nach; vordergründig dem Axiom einer grundlegenden Prädikation (Kap. 2.1.3.1). Denn es ist eben diese Annahme, die dieser Tradition den Schluss erlaubt, die Paraphrase als Entschlüsselungsparameter *par excellence* zu sehen (Kap. 2.1.3.1.1). Auf die Kritik der Paraphrase aus kondensatorischer Sicht[8] aufbauend, folgt eine kritische Auseinandersetzung mit dem Verifikationswert der Paraphrase (Kap. 2.1.3.1.1.1), mit der Skalierung der auf paraphrastischem Weg gewonnen Kondensate (Kap. 2.1.3.1.1.2) sowie mit der Selektion paraphrastisch gewonnener Kondensate. Das Kapitel wird von Anforderungen abgerundet, die aus den Kritikpunkten extrahiert werden, und auf denen meine theoretische Neufassung des Begriffs der Kondensation in der deutschen Fachsprache der Technik fußt.

7 Diese Aufteilung stützt sich auf zwei der drei grundlegenden Betrachtungsweisen bei Jakobson. Er spricht von der innersprachlichen, der zwischensprachlichen und der intersemiotischen Betrachtungsweise (1992[1959]: 483).

8 Und ausschließlich aus dieser Sicht wird die Paraphrase kritisiert.

2.1.1 Die intersprachliche Kondensation nach Mathesius

Der Begriff der „Kondensation" wurde bereits in den zwanziger (so Ivić 1975: 774) oder dreißiger Jahren (so Nosek 1966: 281) von Mathesius eingeführt. Im Rahmen der Funktionalstilistik der Prager Schule wuchs aus der kontrastiven linguistischen Analyse der englischen und der tschechischen Sprache die Erkenntnis, dass das Englische tendenziell Aussagen „kondensiert", wo das Tschechische eher auflösen würde:

> "[…] there is a tendency [*i.e.* in Modern English] to express by non-clausal members of the sentence those chief circumstances which are usually expressed by subordinate clauses in Czech." (Mathesius zitiert nach Nosek 1966: 281)

Unter komplexer syntaktischer „Kondensation" (Povejšil 1972: 83 und Nosek 1966: 281) versteht Mathesius vornehmlich

> „[…] verbale Formen (sog. Verbide), die, ohne die Kennzeichen eines finiten verbalen Prädikats zu haben, dennoch eine Satzinformation zum Ausdruck bringen, wobei sie die syntaktische Position eines Nebensatzes einnehmen." (Ivić 1975: 774)

Sprachlich realisiert sich diese „Kondensation" bei Mathesius im Englischen z.B. in Form von Infinitiven, Partizipien und den sogenannten *ing-forms* (Nosek 1966: 281), wenn diese in ihrer jeweiligen syntaktischen Eigenschaft als „semi-clausal constructions" auftreten (vgl. die Ausführungen bei Nosek 1966:282). Wichtig ist es an dieser Stelle festzuhalten, dass Mathesius, wenn er dieser oder jener englischen Konstruktion das Prädikat „kondensiert" gibt, dies nur tut, nachdem er einen Vergleich mit deren – funktional – entsprechender tschechischer Konstruktion durchgeführt hat. Wenn englische Infinitive, Partizipien und *ing-forms* also „Kondensationen" sind, dann weil die jeweilige (gliedsatzwertige) Funktion, die sie im Englischen innehaben, im Tschechischen tendenziell von einem realisierten Gliedsatz vertreten werden würde.

2.1.1.1 Weitere Forschungsansätze: Intersprachliche Kondensation

Explizit den theoretischen Ansatz bei Mathesius übernehmend führt Povejšil (1972: 82) kontrastive Untersuchungen unter dem Gesichtspunkt der „Kondensation" am Sprachenpaar Deutsch–Tschechisch durch. Dabei argumentiert er dafür, dass die Mittel der syntaktischen „Kondensation" in den beiden Sprachen „[...] eine weitgehende Übereinstimmung [...]" aufweisen (Povejšil 1972: 112), weshalb er vordergründig die unterschiedliche „[...] Ausnutzung verschiedener Kondensierungsmittel [...]" (ebenda) akzentuiert. Seine Untersuchungen führen ihn schließlich zu der Erkenntnis, dass „Kondensierungsmittel" im Deutschen im Vergleich zum Tschechischen tendenziell häufiger Anwendung finden.

Kontrastive Analysen unter dem Gesichtspunkt der „Kondensation" werden am Sprachenpaar Deutsch–Norwegisch auch im skandinavischen Kontext von Fabricius-Hansen (1986, 1995, 1996) und in ihrer Tradition von Solfjeld (1995) durchgeführt. Fabricius-Hansen geht von der „intuitiv plausiblen" Annahme (so Fabricius-Hansen 1995: 140) aus, dass die Informationsdichte eines deutschen Fachtextes tendenziell höher ist als die seines norwegischen Pendants. Dabei zeigt sich diese höhere Informationsdichte des Deutschen im Vergleich zum Norwegischen vornehmlich darin, dass „[...] verhältnismäßig mehr der in einem Text enthaltenen Information in den nominalen Satzgliedern zu finden ist [...]" (ebenda). Auch von Solfjeld (1995: 31–32) wird die Annahme vertreten, dass die Höhe der Informationsdichte von der Zahl der nominalen Konstruktionen verschiedener Art abhängig sei. Bei der Grundannahme, dass den beiden Sprachen die gleichen Strukturmöglichkeiten zustehen, wird die Neigung des Deutschen zum Einsatz nominaler Konstruktionen verschiedener Art als eine Neigung zur „Kondensation" interpretiert.

2.1.2 Die intrasprachliche Kondensation nach Nosek

In expliziter Anlehnung an den theoretischen Ansatz bei Mathesius untersucht Nosek Mitte der sechziger Jahre Apokoinu-Konstruktionen[9] vom Typ "accusative-with-infinitive constructions" unter dem Gesichtspunkt der „Kondensation", da er zeigen will "[...] that complex condensation is peculi-

9 Ich mache explizit darauf aufmerksam, dass die Duden-Grammatik eine andere Bestimmung von Apokoinu-Konstruktionen vertritt (2009: 1200–1201); da eine begriffsbestimmende Diskussion der beiden Auffassungen für diese Arbeit jedoch nicht relevant ist, wird sie an dieser Stelle ausgeklammert.

ar also to other areas of language than the semi-clausal constructions" (Nosek 1966:281). Am Beispiel des Englischen **I hear him sing**, das er als "a three-membered construction" auffasst – etwa: **I hear** (1) **him** (2) **sing** (3) –, argumentiert er dafür, dass dies eine komplexe syntaktische „Kondensation" darstellt, denn die zweite Größe dieser Konstruktion – das Lexem **him** – vertritt bzw. „kondensiert" in sich zwei syntaktische Funktionen, da es sowohl als das Objekt der ersten Prädikation als auch als das Subjekt der zweiten Prädikation angesehen werden darf:

> "[..] two members of the sentence permeate in it [*i.e.* **him**] and show also a sort of complex condensation of two syntactic functions into a higher function." (Nosek 1966: 283)

Als komplex betrachtet er die „Kondensation" also deshalb, weil sie mehr als eine Größe „kondensiert". Als syntaktisch ließe sich die „Kondensation" in zweifacher Hinsicht festhalten. Erstens sind mehrere syntaktische Größen in eine „kondensiert", zweitens hat die „kondensierte" Größe ein syntaktisches Potential inne, das – *qua* Lexemstatus – in verschiedene syntaktische Positionen in einem aktualisierten Satz münden kann. Obwohl Nosek nebenbei angibt, dass solche Apokoinu-Konstruktionen – im oben eingeführten Sinne – als Phänomene betrachtet auf das Lateinische und auf das Tschechische bezogen ebenso Zeugnis von „Kondensationen" sind, verfolgt er mit seiner Arbeit keine sprachenvergleichenden Ziele. Und mit eben dieser Distinktion kann eine wesentliche Abgrenzung gegenüber der Vorlage Mathesius' gezogen werden. Denn im Gegensatz zu Mathesius (vgl. Kap. 2.1.1) appliziert Nosek den Begriff der „Kondensation" auf eine einzelne Objektsprache, wobei er die anfängliche Mathesius'sche „Kondensation" um eine wesentliche Dimension reduziert: Und zwar hat sich mit Nosek eine Abwendung von der anfänglichen intersprachlichen Kontrastivität zugunsten einer verstärkten Hinwendung zur intrasprachlichen Kontrastivität vollzogen.

Bemerkenswert und zumindest methodologisch fragwürdig scheint zu sein, dass die Theorie der „Kondensation" keine Veränderung erfährt, obwohl an der empirischen Basis ein entscheidender Wechsel zu verzeichnen ist (von zwei – oder potentiell mehreren – Objektsprachen hin zu einer Objektsprache). Obwohl der kontrastive Aspekt auch bei Nosek eine entscheidende Rolle spielt, ist diese Kontrastivität von ganz anderer Qualität als bei

Mathesius. Kontrastiert werden bei Nosek aktuelle sprachliche Konstruktionen mit virtuellen, auf interpretativem Wege gewonnenen Meta-Konstruktionen, die ihm die (bzw. eine) relevante einzelsprachige Grammatiktheorie zur Verfügung stellt.

2.1.2.1 Weitere Forschungsansätze: Intrasprachliche Kondensation in der Tradition nach Nosek

Das deutsche Pendant zur Nosek'schen Apokoinu-Konstruktion ließe sich z.B. in der „[...] Besonderheit: Ersatzinfinitiv statt 2. Partizip" (Duden Grammatik 1995: 188–89) finden, wo ein Beispiel lautet:

Er hat das Fieber kommen fühlen

In diesem Beispiel hat das Lexem **Fieber** (wie früher das Lexem **him**) zwei syntaktische Funktionen bzw. „kondensiert" sie. Einerseits das Subjekt von **kommen** und andererseits das Objekt von **fühlen**. Obwohl es unangefochten ist, dass Apokoinu-Konstruktionen grammatische Elemente in besonderer (*eo ipso* überlappender) Weise „kondensieren", dürfte der methodische Ansatz der Nosek'schen „Kondensation" aber ebenso auf eine Vielzahl weiterer Konstruktionen appliziert werden können. So hat denn auch die Annahme, die Auslassung syntaktischer Funktionen im Satz sei eine Art des „Kondensierens", ihren Niederschlag in der deutschen Grammatiktheorie gefunden und z.B. in der Duden-Grammatik sogar ein eigenes Kapitel bekommen. Unter dem Sammelbegriff „Ersparung von Redeteilen"[10] heißt es

> „[n]icht immer müssen die abstrakten syntaktischen Strukturen [...] in konkreten Sätzen auch ganz gefüllt werden. Vielmehr können – aus unterschiedlichen Gründen – verschiedene Positionen unbesetzt bleiben." (Duden-Grammatik 1995: 682)

In diesem Sinne wird angeführt, dass „[...] bei der Umwandlung eines Aktivsatzes in einen Passivsatz das ‚Agens' erspart bzw. weggelassen wird":

10 Bzw. „Einsparung von Redeteilen"; mit Sommerfeldt (1983: 145) könnte man ebenso von „Tilgung" sprechen.

„Sie hat das Fluggepäck schon am Bahnhof aufgegeben. – Das Fluggepäck ist (von ihr) schon am Bahnhof aufgegeben worden." (Duden-Grammatik 1995: 682)

Unglücklich bei dieser Aussage scheint mir der Gebrauch des Terminus Agens bei der Beschreibung syntaktischer Strukturen (sei er auch durch Anführungszeichen – irgendwie – markiert[11]), da das Agens zum Inventar der Kasusrollen/Tiefenkasus/semantischen Rollen[12] gehört und zumal diese „[...] sich erst im Satzinhalt durch die Kombination mit einem bestimmten Prädikat innerhalb eines Aussagerahmens [konstituieren]" (Polenz 1988:173), wobei sie „[...] grundsätzlich etwas anderes als die grammatikalischen Kasus [sind]" (*op. cit.*: 169). Am obigen Beispiel erläutert wird das Agens des Aktivsatzes (*i.e.* **sie**) im parallelen Passivsatz entweder getilgt oder in eine Adverbialbestimmung (*i.e.* **von ihr**) versetzt. Wenn das Agens vom Präpositionalsyntagma **von ihr** vertreten wird, dann ist das Agens ja vorhanden; da das Agens zum Inventar der Kasusrollen/Tiefenkasus/semantischen Rollen gehört, wird es bzw. *kann* es expliziter nicht vertreten werden. Wenn bei dieser Passivkonstruktion das Agens also nicht fehlt und sogar graphemisch umfangreicher vertreten ist als in der parallelen Aktivkonstruktion (**sie** versus **von ihr**), kann von „Kondensation" keine Rede sein.

Bei einer Passivkonstruktion ohne Agensangabe aber könnte man innerhalb der Grammatiktheorie von einer „Kondensation" grammatischer Elemente sprechen; eine solche Auffassung müsste aber zwangsläufig auf zwei Voraussetzungen bauen. Erstens müsste man davon ausgehen, das Passiv sei vom Aktiv abgeleitet (Helbig/Buscha 1991: 175). In Bußmann (1990: 564) wird diese Annahme mit dem pauschalen Argument gestützt, dass die morphosyntaktisch einfachere Form (Aktiv) der morphosyntaktisch komplexeren Form (Passiv) vorausgeht. Diese Auffassung findet sich unter ‚Anwendungsperspektive aus sprachstatistischen Gründen' in der Duden-Grammatik (1995: 107f.) wieder, wo es heißt, dass sich der jeweilige Einsatz von Aktiv oder Passiv im Deutschen ungleichmäßig verteilt; so entfallen im Durchschnitt etwa 93% auf

11 Offen ist immer noch, was die Anführungszeichen an dieser Stelle dem Leser genau signalisieren sollen. In dem einzig mir bekannten Aufsatz über den Gebrauch der Anführungszeichen in Texten von Brandt/Nail (1976) werden 17 verschiedene Funktionen empirisch nachgewiesen und aufgelistet.

12 Dazu vgl. etwa Polenz (1988: 359).

das Aktiv, aber nur etwa 7% auf das Passiv der Verben. Zweitens – was sich wohl von der ersten Voraussetzung ableiten ließe – müsste man davon ausgehen, Aktiv sei die normalere Form – die Duden-Grammatik spricht in der Tat von der „Normalform" (2009: 543) –, wobei vorweggenommen werden müsste, die Vertretung eines Agens im Satz sei normal. Wenn Passivkonstruktionen ohne Agensangabe „Kondensationen" sind, dann also im Vergleich zu Aktivkonstruktionen mit Agensangabe, die offenbar als *tertium comparationis* und Normaläußerung zugleich dienen.

Für eine weitere intrasprachliche Parallele zum intersprachlichen Ansatz bei Mathesius sei verwiesen auf Sommerfeldt (1982), wo „Kondensationen" dieses Typs am Beispiel deutscher Infinitivkonstruktionen eingeleitet von **ohne zu**, **anstatt zu** und **um zu** besprochen werden. Wenn das Subjekt in diesen Konstruktionen – so Sommerfeldt – meist ausgelassen wird, so ist die Konstruktion eine „kondensierte". In weiterer Verfolgung der „Kondensation" in diesem Sinne könnten ebenso Ellipsen oder zusammengezogene Sätze (Sommerfeldt 1983: 145) verstanden als „[...] Satzäquivalente oder Teilsatzäquivalente – Einzelwörter, die Sätzen entsprechen und die gleiche Funktion erfüllen wie jene" (Duden-Grammatik 1995: 683) als „Kondensationen" aufgefasst werden. Denn aus Sicht dieser Grammatiktheorie kann auch hier geltend gemacht werden, dass Satzäquivalente wie **Guten Tag** oder **Hilfe!** „kondensierte" Sonderformen sind, die von Grundformen wie etwa „Ich wünsche Ihnen einen guten Tag." und „Ich brauche Hilfe!" abgeleitet sind.

2.1.3 Die intrasprachliche Kondensation nach Vaschek

Für eine erhebliche Erweiterung des Begriffs der intrasprachlichen „Kondensation" spricht schon Vaschek Mitte der fünfziger Jahre, als er den Terminus „condenser" oder „Kondensator" einführt „[...] für alle die sprachlichen Mittel, die zum Ausdruck der Satzbedeutung ohne entsprechende formale Kennzeichen der Prädikation dienen" (zitiert nach Ivić 1975: 774). Mit seiner Definition erweitert Vaschek den Bereich der „Kondensation" in entscheidender Weise. Denn als „Kondensator" gilt jede – und so muss angenommen werden: auch jede isoliert betrachtete – sprachliche Größe, die Merkmale aufweist, die mit denen der Definition übereinstimmen. In der Annahme, dass diese „formalen Kennzeichen der Prädikation" prinzipiell von den verbalen Formmerkmalen Tempus, Modus, Genus verbi, Person und Numerus ausgemacht werden, fallen unter diese Definition folgerichtig sprachliche Größen aus allen nicht-verbalen Wortklassen (etwa im Sinne von Helbig/Buscha 1991: 19), wenn sie „zum Ausdruck der Satzbedeutung dienen". Diese Satzbedeutung erlangen die Kondensatoren erst über eine paraphrastisch ausgerichtete Interpretation, die sie in vollständige Sätze transformiert. Das Zuschreiben des Prädikats „kondensiert" wird somit nicht erst als das Resultat eines Vergleiches zwischen funktional vergleichbaren Konstruktionen zweier Sprachen angesehen, wie es in der Tradition nach Mathesius der Fall ist (Kap. 2.1.1 und 2.1.1.1); auch erfolgt die Zuschreibung nicht als das Resultat eines Vergleiches eines von der jeweiligen Grammatiktheorie zur Verfügung gestellten virtuellen Interpretationsmusters mit einer aktualisierten sprachlichen Größe, wie es in der Tradition nach Nosek der Fall ist (Kap. 2.1.2 und 2.1.2.1). Verglichen werden bei Vaschek vielmehr eine aktualisierte nominale Größe mit einer aus dieser Größe selbst gewonnenen Para- oder Periphrase in Form eines vollständigen Satzes. Wenn behauptet wird, der „Kondensator" kann eine Satzbedeutung in „kondensierter" Form zum Ausdruck bringen, hat sich der Schwerpunkt des Begriffs „Kondensation" auf Inhaltliches verlagert. Denn kann der „Kondensator" eine Satzbedeutung zum Ausdruck bringen, dann ist dieser „Kondensator" in gewissem Sinne das informationelle Äquivalent dieses Satzes.

Möglich ist, dass diese Hinwendung zum gemeinsamen Informationspotential eine direkte Folge des empirischen Umbruchs ist (von der inter- auf die intrasprachliche „Kondensation"); wahrscheinlicher dürfte sein, dass die anfängliche Mathesius'sche Integration der zwei Perspektiven der „Kondensation" – und zwar Funktion (ein Satzelement „kondensiert" in sich mehrere syntaktische Funktionen) und Information (dieses eine Satzelement bringt eine ganze (Teil-)Satzinformation zum Ausdruck) – so ausgelegt worden ist, dass der Informationsaspekt auf Kosten des Funktionsaspekts den absoluten Vorrang bekommen hat. Und eben auf diesem sehr, sehr weit gefassten Kondensationsbegriff fußt der Begriff der „Kondensation", der insbesondere mit Beneš[13] in der deutschsprachigen Fachsprachenforschung weitgehende Akzeptanz erfahren hat[14], weshalb sich die folgenden Kapitel der Auseinandersetzung mit einigen weitreichenden methodischen Konsequenzen dieser Auffassung widmen.

13 Durch seinen Aufsatz „Die sprachliche Kondensation im heutigen deutschen Fachstil" aus dem Jahre 1973, auf den ich im Folgenden näher zu sprechen komme.

14 Vgl. dazu auch Horn-Helf (1997), obwohl sie sich mit Russisch als Objektsprache befasst.

2.1.3.1 Annahme einer grundlegenden Prädikation

Zum Thema „Kondensation" heißt es einleitend bei Beneš

> „Im heutigen deutschen Fachstil wird generell eine möglichst enge Verbindung der Ausdrucksmittel bevorzugt. Dies zeigt sich in seiner Vorliebe für [...] Fügungen, die eine engere syntaktische Verbindung, d.h. eine größere sprachliche Kondensation ermöglichen." (Beneš 1973: 41)

Zur Klärung der engeren syntaktischen Verbindung im Beneš'schen Sinne heißt es weiter

> „Wir halten eine Ausdrucksweise für desto kondensierter [...], je mehr sie die selbständige Prädikation unterdrückt [...]." (Beneš 1973: 45)[15]

Wenn er als Alternative zur „selbständigen Prädikation" den Ausdruck „grundlegende Prädikation" (op.cit.: 40–41) zur Verfügung stellt, darf der Kreis zum Ansatz von Vaschek geschlossen werden, da es dort heißt, dass das Fehlen der Kennzeichen der Prädikation auf „Kondensation" schließen lässt.

Obwohl es vor allem Beneš zu verdanken ist, dass die Tendenz zur sprachlichen „Kondensation" als ein Merkmal technischer Fachsprachen thematisiert wurde, ist schon früher eine wichtige Arbeit von Ziehe (1964) zum selben Thema vorhanden. Auch Ziehe nimmt an, dass einige in der Fach- und Wissenschaftssprache häufig vorkommende sprachliche Konstruktionen „[...] verbale und nominale Prädikate in sich aufgenommen haben [...]" (1964: 63). Für eine konsequente Weiterführung dieses Gedankens innerhalb der Fachsprachenforschung gilt Weber (1985), wo es heißt:

> „Das verbale Prädikat bzw. das adjektivische Prädikat eines [...] Satzes wird zu einem Verbal- bzw. Adjektivabstraktum umgeformt [...]." (Weber 1985: 95)

Roter Faden und Mittelpunkt zugleich sind also stets die Gegenüberstellung von „Kondensation" und Prädikation (bzw. prädikativer Paraphrase). In der

15 Auf die implizierte Skalierung (re: „[...] desto kondensierter [...]") soll in Kap. 2.1.3.1.1.2 eingegangen werden.

Annahme also, dass „[...] die Kondensation eine Tiefenstruktur des Satzes voraussetzt, die auf der Ebene der Oberflächenstruktur nicht mit den für Sätze spezifischen Mitteln realisiert wird“ (Ivić 1975:776), muss sich die Beneš'sche Kondensationsrichtung zwangsläufig damit auseinandersetzen, wie diese Tiefenstruktur des Satzes bzw. die Prädikation wiederhergestellt werden kann. Zu diesem Zweck wird eine semantisch-syntaktische Interpretation (Ivić 1975: 775 und 780) herangezogen, die als eine Transformation (im Sinne der Generativen Grammatik) verstanden werden kann. Aus den Ausführungen bei Ivić geht hervor, dass „Transformation“ begrifflich deckungsgleich mit dem Ausdruck Paraphrase (zur Paraphrase vgl. Wunderlich 1991: 84ff.) verwendet wird, weshalb auch ich im Folgenden diesen Ausdruck verwenden werde. Fest steht in dieser Tradition, dass das Kondensat sich von seiner grundlegenden Prädikation entfernt hat; dieser Prozess wird auch „Unterdrückung von Prädikation“ (Beneš), „Aufnahme von Prädikation“ (Ziehe) oder „Umformung von Prädikation“ (Weber) genannt. Zur Rückführung der Kondensate auf ihre Prädikationen bedarf es einer Paraphrase. Dabei bleibt aber eine kritische Auseinandersetzung mit der Paraphrase als Instrument zur Entschlüsselung „kondensierter“ Elemente bei Beneš (sowie bei Weber und Ziehe) völlig ausgespart; womöglich weil der theoretische Rahmen der Generativen Grammatik, auf den – so Ivić – die Auseinandersetzungen mit dem Thema „Kondensation“ in der Tradition Beneš's Bezug nehmen, die Existenz oder zumindest die theoretische Nachweisbarkeit einer grundlegenden Prädikation vorwegnimmt.

Wenn ich aber der Annahme einer inhärenten Prädikation, d.h. die Annahme einer jeden Äußerung zustehenden Grund- oder Tiefenstruktur in Form eines vollständigen Satzes, prinzipiell nicht zustimmen kann[16], lässt sich konsequenterweise ableiten, dass ich den Wert des zu deren Erschließung herangezogenen Instruments ebenso in Zweifel ziehen muss. Die Frage lautet demnach, wie eine Oberflächenstruktur mit dem Merkmal „kondensiert“ in einem genetischen Abhängigkeitsverhältnis zu einer Grund- oder Tiefenstruktur stehen kann, die dadurch gekennzeichnet ist, eben nicht „kondensiert“ zu sein. Wenn das Charakteristikum des „Kondensators“ darin bestehen soll, dass er die Kennzeichen der Prädikation unterdrückt, dann können etliche sprachliche Konstruktionen als „Kondensatoren“ eingestuft werden, denn eine Konsequenz dieser Auffassung muss sein, dass z.B. das komplexe sprachliche Zei-

16 Vgl. dazu Kap. 2.1.3.1.1.1.

chen (dazu z.B. Schippan 1992: 79) *a priori* ein „Kondensator" ist. Das ist es, weil es eine Synthese einer Anzahl sprachlicher Einzelzeichen darstellt und weil die in dieser Synthese „kondensierten" grammatischen Elemente an der Textoberfläche nicht immer vertreten sind. Dementsprechend wird Mitte der sechziger Jahre von Ziehe (1964: 63) für die deutsche Fach- und Wissenschaftssprache ein Katalog von „Kondensatoren" aufgestellt, deren jeweilige grammatischen Elemente auf paraphrastisch-analytischem Wege gewonnen werden können. Wo die Annahme der inhärenten Prädikation die Anknüpfung an den Ansatz von Vaschek theoretisch hergestellt hatte, bietet sich dieser Katalog jetzt als der Anknüpfungspunkt in materieller Hinsicht an.

Materielle Träger von „Kondensation" sind demnach (morphologisch) substantivische Konversionsprodukte auf **-ung** und **-heit**, adjektivische auf **-ig**, **-lich** und **-isch**, sowie Adjektiv- und Substantivkomposita. Morphosyntaktisch-topologisch sind es Erweiterungsgruppen adjektivischen, substantivischen oder partizipialen Charakters, aus mehreren Wörtern bestehende Satzglieder, erweiterte einfache Sätze, Infinitiv- und Partizipialkonstruktionen und verblose Nominalsätze (auch wenn sie als Parenthesen vorkommen).[17] Obwohl die Elemente dieses „Kondensationskatalogs" sprachlich von unterschiedlicher Qualität sind – etwa lexikalischer und syntaktischer Art – haben sie doch als gemeinsamen Nenner stets ihr „Kondensationspotential" in diesem Sinne. Und da an dieser Stelle hauptsächlich dieses „Kondensationspotential" – und nicht etwa dessen sprachliche Realisierung – von Interesse ist, sollen einige wenige Elemente dem Katalog entnommen und als Prototypen für diese Hauptströmung der modernen Kondensationsforschung einer kritischen Betrachtung unterzogen werden.

Zunächst soll die Paraphrase, das Instrument zur Überführung des Kondensators auf seinen angeblichen Basissatz, behandelt werden (Kap. 2.1.3.1.1). Die Besprechung des Themas ‚Paraphrase aus kondensatorischer Sicht' gibt Anlass dazu, auf drei weitreichende und vor allem methodische Konsequenzen aufmerksam zu machen. Denn mit der Paraphrase als Explizitmacher „kondensierter" Redeteile muss die Frage gestellt werden, inwieweit sich die paraphrastisch gewonnenen Ergebnisse verifizieren lassen (Kap. 2.1.3.1.1.1). Auf die Kritik des Verifikationswertes der Paraphrase aus kondensatorischer Sicht

17 Anzumerken ist, dass dieser von Ziehe aufgestellte Katalog von „Kondensatoren" die Quelle sein wird, aus der in den folgenden Jahrzenten Beneš, Sommerfeldt, Weber, Polenz und schließlich Heringer in ihren jeweiligen Arbeiten zur „Kondensation" schöpfen.

aufbauend, kann zu den bisherigen Ansätzen zur Skalierung der „Kondensiertheit“ sprachlicher Äußerungen kritisch Stellung genommen werden (Kap. 2.1.3.1.1.2). Letztendlich können kritische Aussagen zur Selektion von „Kondensatoren“ getroffen werden (Kap. 2.1.3.1.1.3).

2.1.3.1.1 Paraphrase

Am Beispiel der Wortbildungskonstruktion vom Typ ‚Abstraktbildung auf -**ung**‘ leitet Ziehe (1964: 64) aus dem Kondensat

> „Durchtränkung des Pflanzenkörpers“

die Prädikation

> „Der Pflanzenkörper wird durchtränkt“[18]

ab. Obwohl bei Weber (1985: 95) die Perspektive umgekehrt ist, d.h. von der Prädikation

> „Jemand bearbeitet das Werkstück“

auf das Kondensat

> „Die Bearbeitung des Werkstückes“,

wird diese Prädikation auch bei ihm in Form eines vollständigen Satzes realisiert[19].

Da Abstraktbildungen auf -**ung** deverbale Konversionsprodukte (Fleischer/ Barz 1995: 48ff.) sind, ließen sich Prädikationen des Typs SV(O) (zuzüglich der von der Valenz und Distribution regierten Mitspieler und Angaben verschiedener Art des Stammverbs) unter Verweis auf die Valenz und Distribution der Stammverben durchaus plausibel machen. So hätte man sich auf den im deutschen Kontext vordergründig von Helbig/Schenkel (1983) angeregten

18 Da an dieser Stelle die Prädikation nur als Prinzip besprochen wird, soll das semantische Potential des Genitivs ausgeklammert werden; vgl. dazu etwa Helbig/Buscha (1991: 591f).

19 Wie ich schon in der Einleitung bemerkt habe, verschmelzen die Ebenen Lexik und Syntax bei diesem Zugang.

theoretischen Ansatz zur Beschreibung der Valenz und Distribution von Verben berufen können und die syntaktischen Umgebungen der in Frage kommenden Stammverben **durchtränken** und **bearbeiten** durch die fakultativen Mitspieler – in Form von Substantiva in den Kasus Nominativ und Akkusativ – als das Muster schlechthin für die Bildung der prädikativen Paraphrase gebrauchen können. Dass man sich aber auf diesen etablierten Ansatz eben nicht beruft, wird am folgenden Beispiel deutlich. Wenn am Beispiel der „Kondensation" mittels einer attributiv verwendeten Wortbildungskonstruktion auf **-isch**

„silikatische Rohstoffe"

deren prädikative Paraphrase durch

„Rohstoffe, die ihrer Herkunft nach zu den Silikaten gehören"

angegeben wird (Weber 1985: 99), dann kann nicht behauptet werden, man beziehe sich auf einen etablierten grammatik-theoretischen Ansatz zur Beschreibung von Valenz und Distribution. Eher scheint es, als bringe man das, was angeblich „kondensiert" wurde, auf dem Wege der Wortbildungssemantik wieder an den Tag. Eine solche Semantisierung der „Kondensation" steht außer Frage, wenn Weber anschließend argumentiert, dass das Derivationsmorphem -**isch** in diesem Falle eine Beziehung zur „Herkunft" zum Ausdruck bringt. Mit anderen Worten trägt das synsemantische Derivationsmorphem zur Etablierung einer semantischen Relation innerhalb des Rahmens dieser Attribution vom Typ Determinans^{Substantiv} → Determinandum^{Adjektiv} (Weinreich 1993: 447) bei. Die Parallele zur Wortbildungssemantik wird noch auffallender, wenn die Analyse des von Weber untersuchten Textkorpus außer „Herkunft" weitere Beziehungen – wie er sie nennt – hervorbringt, so (Weber 1985: 101):

„Gesichtspunkt", „Bezugnahme auf"
„Verwendungszweck"
„Entsprechung"
„Agens" (z.B. Produzent)
„Grundlage"
„Mittel", „Vermittler"
„Spezifizierung", „Explikation"

Abgesehen davon, dass nicht zu übersehen ist, dass sich diese Beziehungen auf z.T. sehr unterschiedlichen Ebenen befinden (so müssen z.B. die Beziehungen „Spezifizierung" und „Explikation" die restlichen inkludieren können), haben schon Kühnhold et al. im Jahre 1978 in einer sehr umfangreichen Studie zu den adjektivischen Wortbildungstypen im Deutschen für eine Reihe unterschiedlicher Derivationsmorpheme eine Vielzahl solcher Beziehungen nachgewiesen, wobei die Weber'sche Beziehung aber als „Funktionsstand" bzw. „funktionales Merkmal" bezeichnet wird (Kühnhold et al. 1978: 258). Im Zuge ihres funktionalen Ausgangspunktes fassen sie – wie auch Weber[20] – vom Material her unterschiedliche Derivationsmorpheme in „Morphemparadigmen" zusammen, wenn diese zur Etablierung der gleichen Beziehung beitragen.

Als die explizite wortbildungssemantische Entsprechung des Weber'schen Beispiels auf **-isch** kann auch die – zeitlich vor Weber liegende – Arbeit von Eichinger zur Polyfunktionalität von **-isch** angesehen werden. In dieser Studie werden etwa 150 Beziehungen – bei Eichinger werden sie „semantische Relationen" genannt – aufgezeigt, zu deren Realisation **-isch** innerhalb der Attribution beitragen kann. Aus der schematischen Darstellung solcher Relationen bei Eichinger geht hervor (vgl. unten), dass das, was die Kondensationsforschung „grundlegende Prädikation" nennt, *de facto* resultativ mit der morphosemantischen Motivation der Wortbildungslehre gleichzustellen ist, wenn unter morphosemantischer Motivation „[...] die – mehr oder weniger vollständige – Erschließbarkeit der Bedeutung einer Wortbildungskonstruktion [...] aus der Bedeutung ihrer Bestandteile verstanden [wird]" (Fleischer 1992: 99).

Die Weber'schen Beziehungen, die er aus prädikativen Paraphrasen abstrahiert, werden – wenn auch formalisiert – im Schema von Eichinger unten als „Semantische Relation" aufgeführt. Die prädikativen Paraphrasen selbst gehen als „Erklärungsmuster" in das Schema ein. Die Kondensate schließlich sind im Schema unter „Belege" eingetragen.

20 Die von Weber untersuchten Adjektive definiert er semantisch als semantisch-relative Adjektive im Sinne von Admoni (1970: 141ff.). Dem Gegenüber soll prinzipiell die Auffassung von Engel angeführt werden, der schreibt: „Jeder Versuch, das Adjektiv semantisch zu definieren, führt zwangsläufig zu Wörtern, die der Definition nicht genügen und dann nur noch als ‚Sonderfälle' oder ‚Ausnahmen' zu registrieren sind" (1988: 556). Die von Weber aufgeführten Adjektive können denn auch morphologisch einfach als desubstantivische Adjektive definiert werden, deren Derivation vom Basisverb durch die Derivationsmorpheme **-isch** und **-lich** ausgedrückt ist. Zur Unterstützung dieser Argumentation sei ferner darauf hingewiesen, dass Sommerfeldt (1970) die Definition Admonis benutzt, während Sommerfeldt (1977) davon Abstand genommen hat, wobei beide Arbeiten sich mit Attributionen und deren Bedeutungen beschäftigen.

Kategorie	Semantische Relation	Erklärungsmuster (Beispiele)	Belege
BER	‚Bereich'		
	Element – Bereichsangabe	y x (Gen) von x y betrifft x y gehört zu x y, soweit y betreff x y, was x angeht y in x …	französische Regierung seelische Grausamkeit heraldische Figuren ökonomische Schwierigkeiten planerische Durchführung läuferische Überlegenheit …

Tab. 2-1, erstellt in Anlehnung an Eichinger (1982: 212)

Dabei stufen weder Kühnhold noch Eichinger ihre jeweiligen Studien als fachsprachlich bezogen ein – im Gegenteil. Sie haben aber offenbar auch keine Probleme, weder den Einsatz von **-isch** noch die Beziehungen, zu deren Etablierung **-isch** beiträgt, in nicht-fachsprachlichen Textkorpora zu finden. Es ist gut möglich, dass der Einsatz von **-isch** in fachsprachlichen Textkorpora frequentiell höher liegt[21], aber als Ausweis eines fachsprachlichen „Kondensierens" kann **-isch** isoliert betrachtet nicht akzeptiert werden, zumal nicht-fachsprachliche Korpora allem Anschein nach die „kondensierten" Beziehungen besser oder zumindest vollständiger darstellen lassen. Es mögen natürlich einige dieser Beziehungen fachsprachlich relevanter sein als andere oder sogar fachsprachlich konventionalisiert sein; die von Weber angeführten Beispiele für Beziehungen lassen aber solche Schlüsse nicht unmittelbar zu (vgl. oben). Hoffmann spricht denn auch davon, dass es nicht schwerfällt, zu den in der Fachsprache verwendeten Derivationsmorphemen[22] Bedeutungsvariationen zu finden, „[…] die sich nicht ins Bild fügen" (1987: 117). Mit Duden darf – wenn auch ein bisschen lakonisch – festgestellt werden, dass man also schon manche sprachliche Konstruktionen „[…] auf vollständige Sätze zurückführen [kann], wobei allerdings nicht immer klar ist, auf welche" (Duden-Grammatik 1995: 683).

Da **-isch** offenbar zur Bildung einer Vielzahl semantischer Relationen oder Beziehungen beitragen kann, wird es von Eichinger „polyfunktional" genannt. Diese Polyfunktionalität stünde aber – so scheint es zumindest – im Wider-

21 Solche Untersuchungen sind mir jedoch zur deutschen Sprache nicht bekannt.

22 Er nennt sie Suffixe.

spruch zu der bekannten Forderung nach Präzision der fachsprachlichen Äußerung (hierzu z.B. Fluck 1991: 35)[23], es sei denn, der fachsprachliche Kontext oder aber die fachsprachliche Situation monosemiert solche „Kondensatoren" von vornherein. Fleischer schlägt für die Wortbildungssemantik tatsächlich diesen Ausweg vor, indem er bei der morphosemantischen Motivation die kontextbedingten Variationsmöglichkeiten zur Entschlüsselung der Bedeutung von Wortbildungskonstruktionen nicht ganz aus den Augen lässt (Fleischer 1992: 105). Beim Weber'schen Beispiel **silikatische Rohstoffe**, die er in die prädikative Paraphrase **Rohstoffe, die ihrer Herkunft nach zu den Silikaten gehören**, auflöst, scheint dieser Weg schon eingeschlagen. Denn nur unter Einbeziehung außertextueller Gegebenheiten kann gesagt werden, dass dieses -**isch** (von dem z.B. Duden bloß angibt, dass es als Derivationsmorphem in Verbindung mit Substantiven die Zugehörigkeit zu diesen herstellt) zur Etablierung einer semantischen Zugehörigkeitsrelation vom Typ [+Herkunft] beiträgt. Wenn aber die morphosemantische Motivation um die Komponente des Kontext- oder Situationswissens erweitert wird, muss man sich – wie ich meine – ins Bewusstsein rufen, dass eine solche Hinwendung zum sprachlichen Kontext und zur Situation als zusätzlichem Entschlüsselungsparameter „kondensierter" Beziehungen das sehr weite Feld der Präsuppositionen, der Implikaturen und Explikaturen (z.B. im Sinne der Relevanztheorie, vgl. dazu Sperber/Wilson 1995) nicht ausschließt bzw. nicht ausschließen kann, wobei dann sowohl der Zahl als auch der Beschaffenheit möglicher paraphrastischer Auflösungen eines einzelnen Kondensats kein Einhalt mehr geboten werden könnte.

Diese Überlappung – oder gar Mischung – von „Kondensation" und Wortbildungssemantik ist ferner deshalb unglücklich, weil aus ihr nicht hervorgeht, wieso „Kondensation" überhaupt als selbständiges, fachsprachliches Phänomen behandelt werden sollte, zumal die – nunmehr vermeintliche – fachsprachliche Eigenart offenbar, was Material, Methode und Ergebnis angeht, keinen eigenen fachsprachlichen Niederschlag findet. An einem weiteren Beispiel aus dem „Kondensationskatalog" soll dies verdeutlicht werden, wobei thematisch ein weiterer Aspekt der Paraphrase aus kondensatorischer Sicht, und zwar deren Verifikationswert, kritisch angesprochen werden soll.

23 In Weiterführung des Gedankens der Polyfunktionalität möchte ich darauf aufmerksam machen, dass prinzipielle Diskussionen zur gesamten Vagheitsproblematik sprachlicher Äußerungen – auf die diese Arbeit verzichtet – bei Pinkal (1981a und 1981b) geführt werden.

2.1.3.1.1.1 Verifikation

Das Determinativkompositum stellt in der Beneš'schen Tradition eine „Kondensation" dar, weil es erstens ein komplexes sprachliches Zeichen ist und weil es zweitens keine expliziten syntaktisch-semantischen Verbindungen zwischen den sprachlichen Einzelzeichen aufweist. Wenn behauptet wird, einer jeden „Kondensation" stehe eine Prädikation als kommunikatives Pendant zu, muss aus Gründen der methodischen Redlichkeit verlangt werden können, dass sich diese Prädikation verifizieren lässt. An einem Beispiel, das Beneš anführt, möchte ich dem Verifikationswert der prädikativen Paraphrase genauer auf den Grund gehen:

Kondensat	Paraphrase
fahrplanmäßig	a) nach dem Fahrplan
	b) in Übereinstimmung mit dem Fahrplan
(Nach Beneš 1973: 45)	

Die Möglichkeiten, paraphrastische Variationen zu einem Kondensat zu bilden, sind aber damit noch lange nicht erschöpft. Bei Duden (1994) lautet z.B. der Eintrag zum Lemma **fahrplanmäßig**:

c) „den Angaben des Fahrplans entsprechend".

Verifiziert wäre die Richtigkeit dieser oder jener Paraphrase erst dann, wenn sie reversibel wäre, d.h. wenn man auch ‚rückläufig' aus der Paraphrase auf das Kondensat schließen könnte. Es ist mir nicht einsichtig, weshalb die Paraphrasen a) bis c) unbedingt zu **fahrplanmäßig** „kondensiert" werden müssen. Keine von diesen paraphrastischen Varianten könnte man dabei als falsch einstufen. Aus methodischer Sicht muss ich die Paraphrase, wenn sie zur Verifikation von „Kondensationen" dienen soll, deshalb als sehr problematisch ansehen, weil die Verifikation für die „Kondensiertheit" eines sprachlichen Ausdrucks sich erst im Verhältnis zu der angeblichen grundlegenden Prädikation dieses Ausdrucks zeigt. Diese Prädikation ist aber weder bei Beneš noch bei Ziehe oder Weber in der textuellen Wirklichkeit anzutreffen, sondern sie ist ein auf interpretativ-analytischem Wege gewonnenes Ergebnis innerhalb eines theoretischen Rahmens. Die Plausibilität dieses Ergebnisses darf mit Recht angefochten werden, denn die Verifikation, auf die man sich beruft bzw.

berufen muss, ähnelt einem *deus ex machina*. Es muss nämlich die Existenz oder Nachweisbarkeit einer ‚normalen' bzw. einer vollständigen Äußerung vorausgesetzt werden, die angeblich als Evaluierungsraster im Sprachbewusstsein der Sprechteilhaber vorliegen soll. Ausgehend von dieser Normaläußerung müssen Ausdrücke nun als markiert gelten, wenn sie auf die eine oder andere Weise von dieser Norm abweichen. Wenn ein „Kondensat" demnach eine durch die Merkmale [+ arm an grammatischen Elementen] und [+ paraphrasierbar] markierte Äußerung darstellt, muss das darauf zurückzuführen sein, dass die dahinterstehende Norm eben dadurch gekennzeichnet ist, nicht arm an grammatischen Elementen und nicht transformierbar zu sein. Die – nunmehr – angebliche Verifikation erweist sich somit als Zirkelschluss.

Fabricius-Hansen (1986) und Polenz (1988) haben deutlich gemacht, dass das dyadische Verhältnis – „kondensiert" (Kondensat) versus „nicht-kondensiert" (Prädikation) – um eine weitere Größe zu ergänzen ist, und zwar um das Bindeglied zwischen dem „Kondensierten" und dem Aufgelösten, das deren noch ausstehende Zusammengehörigkeit und gegenseitige Dependenz aufzeigen soll: Um der Beneš'schen These der Komplementarität von kondensiert/nicht-kondensiert willen, müssen sprachliche Konstruktionen mit den jeweiligen Merkmalen „kondensiert/nicht-kondensiert" folgerichtig einen gemeinsamen Nenner haben (mit anderen Worten: wenn „kondensiert" und „nicht-kondensiert" zwei Seiten einer Sache sind, so müssen sie einen gemeinsamen Anteil daran haben). Als gemeinsamer Nenner wird nun die Fähigkeit angesetzt, die gleichen Informationen vermitteln zu können:

> „[...] erst die Reduktion [*i.e.* des Ausdrucks] unter Beibehaltung der Informationsmenge könnte m.E. als Komprimierung im eigentlichen Sinne betrachtet werden." (Fabricius-Hansen 1986: 22)

Dass Fabricius-Hansen tatsächlich mit drei Größen arbeitet, geht daraus hervor, dass es a) eine Informationsmenge gibt, die beibehalten werden soll, obgleich die Äußerung, die die Informationsmenge aktualisiert, b) reduziert oder c) nicht-reduziert ist. Auch bei Polenz lässt sich diese Triade gut nachweisen:

> „Komplexe Inhaltsstrukturen werden mit einer geringeren Zahl von Ausdruckseinheiten ausgedrückt (geringer im Verhältnis zur Zahl der

durch explizite Umformulierung zu erschließenden Zahl von Inhaltseinheiten).“ (Polenz 1988: 43–44)[24]

Obwohl es bei Polenz nicht explizit hervorgeht, dürfen die Inhaltseinheiten als das Resultat einer Paraphrase der Ausdruckseinheiten, die an der Textoberfläche vorhanden sind, angesehen werden. Den gemeinsamen Nenner der Inhalts- und der Ausdruckseinheiten bilden die komplexen Inhaltsstrukturen, d.h. die Informationsmenge. Diese dritte Größe hinzuzufügen ist aber m.E. nur eine theorieinterne, methodische Konsequenz, nicht eine Verifikation der ursprünglichen Beneš'schen These an sich – zumal das Informationspotential eine auf Basis der analytisch gewonnenen Paraphrase abgeleitete und somit eine konstruierte Größe ist, die sich *eo ipso* jedweder intersubjektiven Verifikation bzw. Falsifikation entzieht.

Um kurz zur Frage der Norm zurückzukehren, scheint es mir ferner nicht einleuchtend zu sein, wenn angenommen wird, die Norm sei eben dadurch charakterisiert, nicht-kondensiert zu sein. Zumindest für einige Fachtextsorten muss eine Qualität „kondensiert“ (in diesem Sinne) als normal gelten, was Beneš, Ziehe und Weber ja selbst anführen und was Beneš sogar an der Textsorte „Lexikon“ nachgewiesen haben will (1973: 46–47). Obwohl es unausgesprochen bleibt, sieht es so aus, als werde eine eher sprachpuristische Normauffassung – im Sinne von: Der Substantivstil, Nominalisierungsstil oder Nominalgruppenstil sei ein unschönes, papierenes Deutsch. – pauschal auf Fachsprachen appliziert, deren Norm – zumindest wenn Norm das Normale, das Häufigste o.ä. darstellt – eben substantivisch bzw. nominal ausgerichtet ist.[25]

Wenn angenommen wird, dass das jeweilige „Kondensat“ (wie etwa die schon eingeführten Beispiele **Durchtränkung des Pflanzenkörpers**, **silikatische Rohstoffe** oder **fahrplanmäßig**) das Resultat einer „Kondensation“ eines vollständigen Satzes darstellt, dann verbirgt sich unterschwellig die Auffassung dahinter, der Textproduzent „kondensiere“ sein Kommunikat bewusst (aus welchen Gründen auch immer). Der Textproduzent imaginiere in seinem Bewusstsein vollständige Sätze, die er anschließend „kondensiere“. Abgesehen von dem

24 Dies entspricht übrigens wortwörtlich „Komprimierung“ in der Duden Grammatik (2009: 647–648).

25 Vgl. dazu Beneš (1967), Fluck (1985: 78ff), Hoffmann (1987: 136ff), Reinhardt/Köhler/Neubert (1992: 143ff) etc.

trivialen – dafür aber durchaus berechtigten – Einwand, dass die angebliche Operation des „Kondensierens" nicht nachweisbar ist bzw. nicht nachgewiesen werden *kann*, zumal nur das Kondensat im Text realisiert ist (die „nicht-kondensierte" Ausgangsgröße befindet sich angeblich im Bewusstsein des Produzenten), scheint ein solcher Vorgang unökonomisch und (besonders in Gesprächssituationen unzumutbar) zeitaufwendig. Eher gehe ich davon aus, dass der Textproduzent nach Bedarf Informationen aus seinem Langzeitgedächtnis abruft, die unbewusst und direkt in eine sprachliche Realisierung umgesetzt werden und somit eben das Verhältnis herstellt, das Coseriu Evokation nennt (1994: 120). Bei einer Umkehrung des Blickwinkels, d.h. vom Produzenten auf den Rezipienten, würde ich es nicht nur unökonomisch und zeitaufwendig, sondern geradezu sonderbar finden, wenn tatsächlich zuträfe, dass beim „[...] komprimierten Satz [...] der Hörerleser [...] die unterdrückten grammatischen Teile und Kennzeichen wieder ans Licht holen [muss]. Er muss die Komprimierungen – wenigstens im Geiste – in vollständige Sätze reformulieren" (Heringer 1988: 299)[26]. An einem authentischen Beispiel wie

> „Die in technischen Anlagen ablaufenden Prozesse vollziehen sich oft in Anlageteilen mit einer bestimmten räumlichen Ausdehnung."

würde das heißen, dass der Rezipient diese (oder aber eine ähnliche, vgl. dazu Kap. 2.1.3.1.1) Reformulierung vornehmen müsste:

> „Prozesse, die in solchen Anlagen ablaufen, die der Technik gehören, vollziehen sich oft in den Teilen von Anlagen, die sich so ausdehnen, dass sie im Raum einen Platz einnehmen, der näher bestimmt ist."

Abgesehen von der zur Reformulierung geforderten linguistisch-analytischen Kompetenz, würde wohl sowohl die komplexe Hierarchisierung der Gliedsätze (**der näher bestimmt ist** ist ein Gliedsatz 3. Grades) als auch die durch die Länge der Reformulierung herausgeforderte Gedächtniskapazität dem Rezipienten Probleme bereiten. Mir scheint demnach die Annahme plausibler, dass ein Kon-

26 Hinzuzufügen ist an dieser Stelle, dass Heringer sich hier im Rahmen der Verständlichkeitsforschung äußert. Das Prinzip der Auflösung, von dem er ausgeht, ist jedoch dasselbe, wie es in den bisherigen Ansätzen zur „Kondensation" vorgetragen wird.

densat wie **fahrplanmäßig** im Bewusstsein eines Rezipienten, der über gleiches (oder ähnliches) Fachwissen wie der Textproduzent verfügt (sie sind z.B. beide Schaffner), einen Gegenstand/Sachverhalt/Handlungszusammenhang direkt evoziert. Es scheint mir logisch anzunehmen, dass das Fachwissen – das ja als „Fachtexte" rezipiert und als „Fachtexte" gespeichert wurde (vgl. Kalverkämper 1987) – dem Fachmann Kondensate direkt zur Verfügung stellt. In dem Augenblick, in dem der Fachmann sich über sein Fach äußert, ruft er von diesem Fachwissen Informationen ab, die sprachlich in Form der schon gespeicherten Kondensate realisiert werden. Die bewusste „Kondensation" wäre somit m.E. nicht gleich einem Stilistikum auf der Ebene der Äußerung („Soll ich jetzt kondensieren oder auflösen?"), was Beneš und Weber – vielleicht unter dem Einfluss der Funktionalstilistik – annehmen, sondern die bewusste „Kondensation" ist von der Fachlichkeit, von dem ‚Kommunizieren über' (vgl. Kap. 4.2.1) auf der Ebene der Textplanung gewissermaßen schon vorprogrammiert. Der Gedanke vom Fachwissen als Auslöser von „Kondensaten", führt zu der Annahme, dass das eben Nicht-Verfügen über dieses oder jenes Fachwissen (*i.e.* Vorwissen) „Kondensate" erst semantisch vage oder gar schwerverständlich macht.

Wenn ferner der gesamte Nominal- oder Nominalgruppenstil als eine Ausprägung der „Kondensation" gefasst wird (vgl. Polenz 1988: 42 und den von Ziehe vorgeschlagenen „Kondensationskatalog"), möchte ich noch einen letzten methodischen Einwand geltend machen: Ich schließe mich Coseriu prinzipiell an, wenn er meint, dass die zur Bedeutung beitragenden grammatischen Relationen, die in einem Kompositum wie **Papierkorb** „kondensiert" sind, nur in dieser Weise zum Ausdruck gebracht werden könnten: „Korb – ‚präpositionale Funktion' – Papier, d.h. Korb, der etwas mit Papier zu tun hat" (1977: 50). Bezogen auf ein völlig zufälliges Kondensat wie **Radmutter** hieße das etwa: „Mutter, die etwas mit Rad zu tun hat"; weitere Informationen gibt die Graphemfolge [radmutter] an sich nicht preis. Ähnlich verfährt Heringer in seiner Argumentation, bei der es heißt:

> „Die gängige Behandlung geht davon aus, in einem Kompositum AB bestehe zwischen A und B eine syntagmatische Relation [...], und mehrfache Deutung sei dem Bestehen mehrerer syntagmatischer Relationen zu verdanken. Bedeutungsanalyse der Komposita bestehe in der Ermittlung der jeweiligen Relationen. Da ist aber nichts, kein Zeichen für diese Relation." (Heringer 1984a: 3)

Und anderswo heißt es dazu – wenn auch bewusst provokativ:

> „Man hat sogar angenommen, es gebe ein sogenanntes Nullmorphem (auch Katena genannt) zwischen den beiden Nomina, so daß die Struktur sei: N Ø N. Dieses Null-Element habe dann jeweils unterschiedliche Bedeutung und bewirke unterschiedliche Gesamtbedeutung in Komposita-Reihen wie *Kalbsschnitzel, Schweineschnitzel, Zigeunerschnitzel, Jägerschnitzel, Wienerschnitzel.* Aber das Nullmorphem ist wie des Kaisers neue Kleider. Da ist eben nichts." (Heringer 1984b: 46)

Eine Weiterführung dieser Kritik lässt nicht zu, dass die – wohl im deutschen Kontext vordergründig mit Paul begründete und seitdem weit verbreitete – Auffassung prinzipiell in Zweifel gezogen wird, dass „[die] Zusammensetzung [*i.e.* das Kompositions- und das Derivationsprodukt] [...] sich aus einer syntaktischen Verbindung mehrerer Wörter entwickelt [hat]" (Paul 1968: 5). Die Konsequenz aber, die prinzipiell zugelassen wird, ist die Formulierung folgendes Kritikpunkts: Obwohl sich eine sprachliche Konstruktion mit dem Merkmal „Kondensat" in einen vollständigen Satz auflösen lässt, ist doch nicht automatisch gegeben, dass sie auch aus einem vollständigen Satz hervorgegangen ist (dazu ferner im Kap. 2.1.3.1.1.3).

2.1.3.1.1.2 Skalierung[27]

Eine Skala ist im Allgemeinen dadurch gekennzeichnet, dass sie einen oder mehrere definierte Fixpunkte aufweist, im Verhältnis zu denen etwas skaliert wird. Dieses Etwas ist nicht die Skala selbst, sondern ein Etwas außerhalb der Skala, dessen quantitative und/oder qualitative Beschaffenheit mittels der Kriterien, aus denen die Skala besteht, an der Skala gemessen wird. Kennzeichnend ist außerdem die Linearität der Skala, die dafür bürgt, dass man einer Quantität bzw. einer Qualität zu einem bestimmten Zeitpunkt höchstens einen Skalenwert zuschreiben kann (man denke etwa an die Celsiusskala).

27 Anstelle von Skalierung böte sich auch die Metapher der Kalibrierung an (in Sinne von „durch Vergleichen bestimmter Meßdaten mit geeichten Normalen kontrollieren, prüfen u. mit der Norm in Übereinstimmung bringen"). Aus: Duden (1994); Eintrag zum Lemma *kalibrieren*).

Ausgangspunkt bisheriger Skalierungsmodelle von „Kondensiertheit“ ist es gewesen, zu einem isolierten Lexem ein Kondensat anzugeben. Dementsprechend heißt es bei Reinhardt/Köhler/Neubert:

> „Sprachliche Ökonomie äußert sich unter anderem darin, daß der Inhalt ganzer Sätze oder Wortgruppen in einem Wort komprimiert ist.“ (1992: 145)

Die Übereinstimmung sowohl mit Beneš (vgl. Kap. 2.1.3.1) als auch mit Ziehe liegt auf der Hand:

> „Sätze werden zu Wortgruppen, Wortgruppen zu Wörtern; verbale Fügungen erstarren zu Nominalfügungen, syntaktische Verbindungen verschmelzen zu einer Worteinheit.“ (Ziehe 1964: 63)

Die Prämissen, die zur Skalierung des „Kondensiertseins“ sprachlicher Ausdrücke offenbar im Hintergrund gegeben sein müssen, werden von den jeweiligen Autoren selbst nicht angegeben. Aus der Lektüre der einschlägigen Literatur geht aber hervor, dass sie folgendermaßen aussehen könnten:

1) Es muss sich um verschiedene sprachliche Ausdrücke handeln.
2) Die Ausdrücke müssen mit demselben Maß gemessen werden.
3) Die Ausdrücke müssen eine vergleichbare Eigenschaft teilen, und zwar die der gemeinsamen „extensionalen Bestimmung“. (Dederding 1982: 37f.)

Bei solchen – zufällig gewählten – Wortbildungskonstruktionen wie **Belichtungsmesser** und **Radmutter**, die gemäß den Ausführungen in den vorhergehenden Kapiteln „Kondensate“ darstellen, dreht es sich um verschiedene Ausdrücke (Übereinstimmung mit 1), die mit demselben Maß – Zahl der Grapheme, der Silben etc. – gemessen werden können (Übereinstimmung mit 2). Ein Vergleich in Sachen „Kondensiertheit“ ist aber absurd und scheitert naturgemäß daran, dass die Vergleichsgrößen die vergleichserlaubende Eigenschaft der Bedeutungsextension nicht teilen (Nicht-Übereinstimmung mit 3). Da der Vergleich an diesem Mangel scheitert, ist die Forderung nach gemeinsamer Bedeutungsextension bei allen bisherigen Skalierungsansätzen

(Ziehe 1964, Beneš 1973, Weber 1991 und Solfjeld 1995) zu Recht als primär angesehen worden. Entsprechend versucht Weber (1991: 33), die Kondensiertheit von bedeutungsextensionsteilenden Ausdrücken wie folgt an einer Skala zu messen:

(+kondensiert	bis zu	-kondensiert)
Wortbildungskonstruktion	bis zu	Folge von Sätzen

Würde man nun z.B. **Radmutter** auf das Webersche Modell applizieren, wären

a) Radmutter
b) Mutter für das Rad
c) Mutter zum Radfestziehen
d) Mutter zum Festziehen eines Rads
e) Mutter, mit der jemanden das Rad an der Achse eines Autos festziehen kann

etc.

allesamt Größen auf einer Skala, mit und an der die verhältnismäßige „Kondensiertheit“ nicht von sprachlichen Größen, sondern von *einer* sprachlichen Größe gemessen werden könnte. So kann in der Richtung von a) bis e) von einem „Expansionsprozess“ gesprochen werden, während von e) bis a) von einem „Kondensationsprozess“ die Rede ist. Wenn behauptet wird, dass jede sprachliche Größe, die semantisch-syntaktisch aufgelöster ist als a), eine Expansion, und jede, die impliziter ist als e) dagegen eine „Kondensation“ wäre, kann diese Argumentation ohne weiteres *ad absurdum* geführt werden. Die untere „Kondensationsgrenze“ könnte anscheinend erst bei ‚Null‘ erreicht werden, die obere „Expansionsgrenze“ wohl eigentlich gar nicht, und verlöre sich in eine unüberschaubare Komplexität. Gegen die scheinbar konsequente Weiterentwicklung der oben angeführten Skalierungskriterien kann abschließend angeführt werden, dass hier möglicherweise überhaupt keine Skalierung vorgenommen wird, zumal die kondensationsverdächtige Größe bei Weber mit oder an paraphrastisch-analytisch gewonnenen Ausprägungen derselben sprachlichen Größe gemessen wird.

2.1.3.1.1.3 Selektion

Wird ferner die traditionelle Beneš'sche Auffassung dessen, was eigentlich als Operator *sine qua non* für die Zuschreibung des Prädikats ‚Ausdruck von Kondensation' gilt, angewendet, darf nach den Ausführungen in den vorhergehenden Kapiteln angenommen werden, dass die paraphrastische Auflösbarkeit den ersten Platz einnimmt. Verfolgt man diesen Gedanken der Auflösbarkeit konsequent weiter, gelangt man zu dem Schluss, dass es vielleicht *das* Charakteristikum natürlicher Sprachen ist, dass (alle) Ausdrücke syntaktisch aufgelöster und semantisch expliziter formuliert werden können.

> „Die Möglichkeit, dasselbe mehrmals – und zwar mit anderen Worten – auszudrücken, liegt allem Sprechen zugrunde [...]." (Ickler 1996: 181)

Es müssen folglich nicht allein substantivische bzw. nominale Konversionsprodukte auf -**ung** und -**heit**, adjektivische auf -**ig**, -**lich** und -**isch**, sowie Adjektiv- und Substantivkomposita oder die morphosyntaktisch-topologischen Erweiterungsgruppen adjektivischer, substantivischer oder partizipialer Funktion, aus mehreren Wörtern bestehende Satzglieder, erweiterte einfache Sätze, Infinitiv- und Partizipialkonstruktionen, verblose Nominalsätze und Parenthesen berücksichtigt werden (vgl. der „Kondensatorenkatalog" bei Ziehe in Kap. 2.1.3.1). Unter dem Gesichtspunkt der Auflösbarkeit könnte so z.B. das deiktische **ich** als „die Person, die sich zur dieser Zeit, an dieser Stelle so und so verhält" o.ä. paraphrasiert werden. Methodisch stringent *kann* Auflösbarkeit an sich also kein distinktives Merkmal sein, denn mit dieser Art der Selektionseinschränkung scheint es sehr schwierig – eigentlich gar unmöglich –, dem Großteil aller sprachlichen Ausdrücke *nicht* das Prädikat ‚Ausdruck für Kondensation' zu verleihen. Und wenn *eo ipso* jedes sprachliche Zeichen ein „Kondensat" ist, erübrigt sich die Behandlung des Phänomens, oder aber das Phänomen muss auf einer anderen, grundsätzlicheren Ebene der Linguistik behandelt werden (Stichwort: grammatische Universalia).

2.2 Zwischenbilanz

Aus obigen Diskussionen leite ich eine Reihe von Basisanforderungen an eine Neufassung des Begriffs der intrasprachlichen Kondensation ab, Anforderungen, auf denen – wie eingangs erwähnt – meine theoretische Neufassung des Begriffs in der deutschen Fachsprache der Technik fußt.

Kondensation verstehe ich als eine Relation zwischen zwei Größen. Konkreter bedeutet dies, dass ich, wenn ich sage, etwas sei kondensiert, auch gleichzeitig sagen muss, dieses Etwas sei kondensiert in Relation zu etwas anderem, das eben dadurch gekennzeichnet ist, nicht kondensiert zu sein. Im Unterschied zu den oben besprochenen Arbeiten, die sich mit „Kondensation" befasst haben, fordere ich eine theoretische Basis, die es mir erlaubt, von Kondensation zu sprechen, ohne dass ich mich auf interpretativ gewonnene Konstrukte beziehen muss, d.h. ohne dass ich mich auf eine grundlegende Prädikation beziehen muss. Hinsichtlich einer Skalierung von Kondensiertheit ist ein Zugang gefragt, der verschiedene Kondensate im Verhältnis zueinander an einer Skala misst, d.h. also eine Skalierung, bei der ein Kondensat nicht durch ein paraphrastisches Klonen mit anderen Ausprägungen seiner selbst verglichen und skaliert wird. Was meine Kritik bezüglich der Selektion betrifft, so muss die theoretische Basis Anschluss an ein Verfahren haben, das fähig ist, Kondensation von Nicht-Kondensation zu trennen. Damit ist eng verbunden, dass die Verifikation einer Kondensation als Kondensation gefordert wird, die ebenso das Resultat eines operationalisierbaren Verfahrens sein muss.

3 Kondensation als Phänomen

In diesem Kapitel wird ein theoretisches Modell von Kondensation entworfen. Die Gegebenheiten in den technischen Fachtexten meines Textkorpus (vgl. Näheres dazu in Kap. 4), die mit dem Modell übereinstimmen, sind identifiziert worden und zählen so – im Vokabular dieser Arbeit – zu den Kondensations-Formen. Diese Kondensations-Formen, deren gemeinsamer Nenner ausschließlich ihre Übereinstimmung mit dem Modell ist, werden nach reihenbildenden Charakteristika katalogisiert. Methodisch vollzieht sich so die Umwandlung von „type" zu „tokens". Jeder „token" soll in Bezug auf seine spezifische Kondensations-Leistung besprochen werden.

Die ausführliche Auseinandersetzung mit dem Einsatz ausgewählter „tokens" in Fachtexten, d.h. in den Texten und Teiltexten meines Korpus, erfolgt anschließend in Kapitel 5.

3.1 Modell der Kondensation als eine aktuelle Relation

Im Unterschied zu den Auffassungen von „Kondensation", die ich im zweiten Kapitel dieser Arbeit kritisiert habe, soll für Kondensation in dem von mir vorgeschlagenen Sinne grundsätzlich gelten, dass sich Kondensation in einer Relation zwischen zwei Größen realisiert. Wenn also etwas kondensiert ist, dann ist dieses Etwas kondensiert in Relation zu etwas anderem, das eben dadurch gekennzeichnet ist, nicht kondensiert zu sein. In der Tradition nach Beneš ist man zwar auch von einer Relation zwischen einer kondensierten und einer aufgelösten Größe ausgegangen, doch ist die aufgelöste Größe stets ein Konstrukt gewesen, das ausschließlich aus der – angeblich – kondensierten Größe selbst paraphrastisch erschließbar war (Kap. 2.1.3.1.1). Die Relation, auf die man sich beruft, ist somit selbst zum Konstrukt geworden (Kap. 2.1.3.1.1.1 und 2.2). Die Konsequenz, die ich daraus ziehe, ist nun die, dass sowohl die kondensierte Größe als auch deren aufgelöstes Pendant im Text vorhanden sein müssen, damit ich methodisch stringent von Kondensation reden darf.

Das erste operationalisierbare Kriterium dafür, dass von einer Kondensations-Erscheinung gesprochen werden kann, ist dies:

1) Eine Kondensations-Erscheinung setzt eine aktuelle Relation zweier Größen voraus – der Einfachheit halber als „a“ und „A“ notiert.

Ausgehend von der Auffassung, dass die Kondensation letztendlich eine aktuelle Relation zweier Größen ist, könnte man jetzt erwarten, dass ich die beiden die Relation bildenden Größen einzeln festlege. Dies stünde aber erstens im Widerspruch zum Leitgedanken der aktualisierten Relation als *dem* Ausweis von Kondensation. Zweitens hätte ich in diesem Falle von meinem Zugang nicht behaupten können, er unterscheide sich vom Zugang Beneš's. Aus Gründen der methodischen Stringenz können die beiden Größen also nicht schon an dieser Stelle einzeln festgelegt werden. Der Natur der Sache wegen – es ist ja die Rede von Kondensation – können die beiden die Relation bildenden Größen aber im Verhältnis zueinander festgelegt werden:

2) Die eine Größe „a“ hat das relationale Merkmal [+kleiner als „A“]. Die andere Größe „A“ hat das relationale Merkmal [+größer als „a“] – formelhaft als A > a notiert.

Damit aber zwei Größen legitim miteinander verglichen werden können – und für meine Zwecke kann gesagt werden, einen Aspekt der Relation stelle eben der Vergleich zwischen kondensiert und expandiert dar –, müssen diese Größen mindestens einen gemeinsamen Nenner aufweisen, der einen solchen Vergleich zulässt. Die vergleichszulassende Eigenschaft finde ich unter Hinwendung zur Semiotik, denn das Verhältnis zwischen den beiden Größen wird offensichtlich dadurch etabliert, dass die kondensierte Größe „a“ für die aufgelöste Größe „A“ stehen kann.[28] Eine vordergründige oder explizite Hinwendung zur Semiotik ist vor allem deshalb attraktiv, weil sie zulässt, dass weitere Aussagen zum Verhältnis zwischen den beiden Größen getroffen werden kön-

28 Eine Hinwendung zur Semiotik ist übrigens schon hintergründig bei Ziehe an folgendem Zitat abzulesen: „Ein absolutes Maß für Knappheit gibt es nicht. Bestimmend ist das Verhältnis von Umfang und Inhalt.“ (1964: 63). Ebenso impliziert die Gegenüberstellung von Ausdrucks- und Inhaltseinheiten bei Polenz (vgl. das angeführte Zitat im Kap. 2.1.3.1.1) einen Rückgriff auf die Semiotik, zumal „Ausdruck“ (bei Ziehe „Umfang“ genannt) einerseits und „Inhalt“ andererseits die zwei Seiten des bilateralen Zeichens ausmachen.

nen, die sich nicht auf (z.T. willkürliche oder zumindest intuitive) Konstrukte beziehen müssen. Für meine Zwecke lässt sich das semiotische Prinzip par excellence *aliquid stat pro aliquo* nun folgendermaßen umsetzen:

> Eine Größe „a“ muss für eine Größe „A“ stehen können.

Und umgekehrt:

> Eine Größe „A“ muss durch eine Größe „a“ vertreten werden können.

Das semiotische Prinzip, das hiermit eingeführt wird, bedarf der näheren Erläuterung. Bei der von de Saussure begründeten Zeichentheorie (de Saussure 1993[1916]: 65 und die kritische Rezeptionen z.B. bei Tobin 1990: 37ff. und Lipka 1992: 40ff.) besteht das bilaterale Zeichen aus einer sinnlich wahrnehmbaren Ausdrucksseite und einer sinnlich nicht-wahrnehmbaren Inhaltsseite (dazu z.B. Linke/Nussbaumer/Portmann 1994: 31). Unter Einhaltung dieses ersten Kriteriums des Modells zur Kondensation, kann das hier verwendete semiotische Prinzip nur mit aktualisierten, d.h. sinnlich wahrnehmbaren, Größen arbeiten. Wenn ich also von einem semiotischen Prinzip ausgehe, dann ist das eines, bei dem beide Seiten des Zeichens aktualisiert sind. Wenn die beiden Seiten des Zeichens textuell zum Ausdruck gebracht werden müssen, so habe ich mich auch auf die Behandlung von *parole*-Phänomenen festgelegt.[29] Da nun die beiden Seiten des Zeichens aktualisiert sind, so müssen sowohl Ausdrucks- als auch Inhaltsseite selbstredend aus solchen Einheiten bestehen, die normalerweise selbst als Zeichen (mit jeweils Ausdrucks- und Inhaltsseite) betrachtet werden (*e.g.* Einzelzeichen wie einfache Wörter, komplexe Zeichen wie Komposita, Syntagmen *etc.*, dazu z.B. Schippan 1992: 79). Dabei übersehe ich nicht, dass die Semiologie bzw. die Semiotik sich vor allem dank der Arbeiten von Peirce, Barthes und Eco sprunghaft weiterentwickelt und heute wohl mit den Arbeiten zur „Social Semiotics“ ihren *apex* gefunden hat (vgl. z.B. Halliday 1978 et passim und Leeuwen 2005 et passim). Auch übersehe ich nicht, dass das obige semiotische Prinzip den Referenten (vgl. vor allem Ogden und Richards 1989[1923]) sowie den Zeichenbenutzer (vgl. dazu

29 Was sich mit der eingangs festgelegten Hinwendung zu referentiellen Texten-in-Funktion/Situation vereinbart (vgl. Kap. 1).

dazu vor allem die Arbeiten von Peirce) ausklammert. Dies geschieht unter Einhaltung meiner Forschungsagenda (vgl. Kap. 1.). Das semiotische Prinzip verliert dadurch nicht an Gültigkeit. Allerdings wird der Zeichencharakter des Zeichens auf einer Ebene der linguistischen Betrachtung zu sehen sein, auf der die vollständige, das Prinzip konstituierende Korrelation sinnlich wahrnehmbar ist, und nicht – wie üblich – auf zwei voneinander getrennten Ebenen linguistischer Betrachtung (*e.g.* einer inhaltsbezogenen gegenüber einer formbezogenen Betrachtung), wo nur die eine Seite des Zeichencharakters sinnlich wahrnehmbar ist (*i.e.* Form). Das Merkmal [+ kleiner als „A"] und dessen Opposition [+ größer als „a"] sind folglich vorerst zwei auf die – sinnlich wahrnehmbare – Form (*e.g.* Länge der Graphemketten, benötigter Druckraum o.ä.) bezogene Merkmale (dieses Verhältnis ist übrigens schon bei der Anwendung von der Majuskel „A" gegenüber der Minuskel „a" graphisch zum Ausdruck gebracht worden).

Neben den Termini ‚Ausdruck' und ‚Inhalt' verwende ich im Folgenden die Termini ‚Bezeichnendes' und ‚Bezeichnetes', wenn ich das Verhalten des ‚Zeigens auf' akzentuiere. Dies scheint für den von mir vorgeschlagenen (eher) mechanistischen Zugang passend zu sein. Nicht nur passend sondern auch legitim ist diese Benennung ferner deshalb, weil ich, wenn ich sage, „a" steht für „A", semiotisch ebenso sagen kann, „a" bezeichnet „A", wobei „A" zum Bezeichneten für das Bezeichnende „a" wird. Mit der Etablierung der Relationen ‚stehen für' einerseits und ‚vertreten werden durch' andererseits ist gleichzeitig ein sehr breiter Substitutionsbegriff eingeführt worden, der auf die gegenseitige Stellvertreterfunktion von „a" und „A" baut. Wenn also „a" Stellvertreter sein kann für „A" und *vice versa*, dann sind „a" und „A" – es liegt auf der Hand – bis zu einem gewissen Grad substituierbar. Dieser Grad der Substituierbarkeit beschränkt sich allerdings darauf, dass „a" und „A" gegenseitig austauschbar sind. In diesem Sinne werde ich sie als paradigmatische Substituierbarkeit bezeichnen.[30]

30 Dies versteht sich übrigens in Anlehnung an die Substitution bei Harweg, wenn er angibt: „Stehen sie [in diesem Falle: Zeichen] füreinander, d.h. sind sie austauschbar an ein und derselben Stelle innerhalb eines Textes, so nennen wir das zwischen ihnen bestehende Substitutionsverhältnis paradigmatisch […]" (1979:20).

3) „a“ und „A“ müssen sich gegenseitig substituieren können.

Das materielle Kriterium „A > a“ habe ich somit um eine inhaltliche Komponente erweitert. Wenn im Text aber zwei Größen vorhanden sind, die sich gegenseitig substituieren können, dann liegt die Annahme nahe, eine der beiden Größe sei redundant, was wiederum der allgemeingültigen Forderung nach sprachlicher Ökonomie von Kommunikaten – so scheint es – widersprechen würde (dazu vor allem Grice (1975) aber auch Abraham (1988: 549) sowie Sommerfeldt/Spiewok (1989: 230)). Wenn jedoch „a“ und „A“ beide im Text vorhanden sind, dann muss ich annehmen, dass diese Nebenordnung absichtlich in den Text eingebracht worden ist und ferner, dass mittels dieser Nebenordnung ein Ziel verfolgt wird, das offenbar an dieser Art der Substituierbarkeit keinen Anstoß nimmt, ja von ihr sogar gestützt wird. Wäre dies nicht der Fall, müsste man konsequenterweise schlussfolgern, der Text sei absichtlich redundant, unökonomisch o.ä.[31]

Wenn ich das beschriebene Verhältnis zwischen den beiden Größen „a“ und „A“ als Kondensation einstufe, dann muss das letztendlich darauf beruhen, dass die Größe „a“ *das* oder ein Kondensat einer Größe „A“ darstellt, zumal dem Begriff der Kondensation die Dynamik von ‚groß in klein‘ inhärent ist. Mit der Festlegung von Kondensation als eine Relation, bei der ein „A“ in ein „a“ kondensiert wird, stellt sich aber die Frage: Wenn die beiden Größen sich gegenseitig substituieren können, dann muss doch eine Relation von einem „a“ auf ein „A“ ebenso möglich sein, oder? Bei einer solchen Relation, bei der ein „a“ auf ein „A“ bezogen wird, vollzieht sich aber keine Dynamik von ‚groß in klein‘, sondern es wird hier genau die umgekehrte Dynamik von ‚klein auf groß‘ realisiert. Wenn also gesagt wird, dass in der Relation „A → a“ ein „A“ in ein „a“ kondensiert wird (Kondensations-Erscheinung), dann muss umgekehrt gefolgert werden, dass in der Relation „a → A“ ein „a“ auf ein „A“ expandiert wird (Expansions-Erscheinung). In terminologischer Analogie zu dem „a“ als dem (relationalen) Kondensat kann im Folgenden das „A“ als das (relationale) Expandat benannt werden.[32]

31 Die Diskussion um den absichtlichen Einsatz von Kondensationen im Text kann an dieser Stelle nur angedeutet werden, zumal ich hier ausschließlich dem Phänomen der Kondensation nachgehe. Der etwaige Einsatz von Kondensationen sowie die Fragen, die dadurch aufgeworfen werden, werden ab Kapitel 4 wiederaufgenommen.

32 Diese Überlegungen sind von Kalverkämper (1987) inspiriert. Die Auseinandersetzung mit der Vorlage Kalverkämpers erfolgt aber erst in Kapitel 5, da sie dort zweckmäßiger einzubringen ist.

Für die Plausibilität der Annahme eines korrelativen Verhältnisses zwischen Kondensation und Expansion spricht, dass die Kriterien des Modells der Kondensation (1 bis 3 oben) ebenso legitim als Kriterien für Expansion gelten können.[33] Die Unterscheidung zwischen Kondensation und Expansion ist somit eine Unterscheidung der Perspektive. Wenn also der Blickwinkel Operator für die Zuschreibung des Prädikats „Kondensation“ bzw. „Expansion“ ist, dann kann ich auf der Ebene der *Phänomene* nicht sagen, diese oder jene Konstruktion sei eine Kondensation, ohne dass ich auch sagen muss, dass sie von der anderen Perspektive aus gesehen eine Expansion darstellt.[34] Denn als Phänomen betrachtet, kann ich die Relation „a → A“ nicht von seiner Kehrseite „A → a“ losgelöst denken.

4) Zwischen Kondensation und Expansion besteht eine korrelative Dynamik, formelhaft als „a $\rightleftarrows$ A“ notiert.

Wenn also in der Überschrift dieses Kapitels nur von Kondensation die Rede ist, dann deshalb, weil ich damit meinen Blickwinkel von vornherein festgelegt habe. Diesem Blickwinkel ist es auch zu verdanken, dass ich in den folgenden Kapiteln einen Katalog von Kondensations-Formen aufstellen kann. Ich bin somit der Ansicht, dass die Kondensation (ebenso wie die Expansion) kein statischer, sondern ein dynamischer Begriff ist. Damit kann ich an zwei weiteren Punkten Kritik an der Vorlage Beneš's formulieren. Denn von meiner Perspektive aus gesehen, lässt seine Vorlage nicht zu, dass die inhärente Dynamik der Kondensation wahrgenommen wird oder überhaupt wahrgenommen werden kann, da nur die eine Größe, d.h. die – angeblich – „kondensierte“ Größe, objektiv vorhanden und in ihrer Isolation nicht fähig ist, mit sich selbst ein dynamisches Verhältnis zu etablieren. Auch kann in der Vorlage Beneš's das korrelative Verhältnis zwischen Kondensation und Expansion nicht erkannt werden.

33 Die Reihenfolge der Elemente müsste man natürlich umkehren und im ersten Kriterium das Lexem „Kondensations-“ durch das Lexem „Expansions-“ ersetzen.

34 In Texten können und müssen die beiden Relationen voneinander getrennt betrachtet werden, zumal die Reihenfolge der Konstituenten („a → A“ oder „A → a“) in der Linearität des Textes verankert ist; vgl. dazu Kapitel 5 und 6.

3.1.1 Transition

Methodisch stringent kann ich einer theoretischen Festlegung der beiden die Relation Kondensation (bzw. Expansion) bildenden Größen, Expandat und Kondensat, an dieser Stelle nicht näher kommen. Der methodischen Stringenz wegen kann das Modell zunächst auf Texte appliziert werden, wobei nur solche Gegebenheiten in Texten, die mit den Kriterien des Modells übereinstimmen, als Kondensations-Formen in meinem Sinne gelten können. Ich habe folglich das Modell als Raster bzw. als theoretisches ‚Sieb' auf das Textkorpus dieser Arbeit (vgl. dazu Kap. 4) angewendet und jene sprachlichen Größen aus dem Korpus extrahiert, die mit dem Modell übereinstimmen. Erst nach einer solchen Applikation können Kondensations-Merkmale in Bezug auf ihre Beschaffenheit untersucht werden, zumal nur diese Reihenfolge letztendlich gewährleistet, dass Kondensat und Expandat tatsächlich aus einer realen Relation der Kondensation hervorgegangen sind.

3.2 Katalogisierung von Kondensations-Formen

Dass Kondensations-Formen in diesem Kapitel als „tokens" beschrieben werden, impliziert, dass sie aus Texten extrahiert worden sind, wobei sie von der Linearität eines oder des Textes unabhängig geworden sind. Eine Beschreibung von Kondensations-Formen in Abhängigkeit von der Linearität des Textes erfolgt bei der Auseinandersetzung mit Kondensations-Formen im Textverlauf ab Kapitel 5.

Wenn ich im Folgenden einen Katalog von Kondensations-Formen aufstelle, so kann ich das auf Phänomenebene tun, weil ich von vornherein meinen Blickwinkel festgelegt habe. Dass ich die Kondensations-Formen nach ihren jeweiligen Kondensaten katalogisiere, ist wegen der Substituierbarkeit der beiden Größen Kondensat und Expandat methodisch unbedenklich.

3.2.1 Kondensations-Formen

In einem ersten Schritt soll die jeweilige Kondensations-Erscheinung als Kondensations-Erscheinung festgelegt werden. Dies ist dann vollzogen, wenn die Kriterien 1 bis 3 (Kap. 3.1) erfüllt sind. Wenn ich in den folgenden Kapiteln ein

Kriterium als erfüllt betrachte, gebe ich dies folgendermaßen an: [1] bis [3].[35] Zweitens sollen Aussagen zur kondensatorischen Leistung der jeweiligen Kondensations-Erscheinung getroffen werden. Da sich die Kondensations-Formen mit sprachlichem Kondensat über ein breites Spektrum sprachlicher Größen verteilen, habe ich die Kondensate nach dem Grad ihrer (sprachsystematischen) Komplexität aufgeführt. Im Gegensatz zu den bisherigen Skalierungsansätzen, in denen das Kondensat mit verschiedenen paraphrastisch erschlossenen Ausprägungen seiner selbst skaliert wurde (vgl. die Kritik in Kap. 2.1.3.1.1.2), werden nun Kondensate zu anderen Kondensaten in Relation gesetzt. Auf der morpho-lexikalischen Ebene wird so die lexikalische Kurzform (Kap. 3.2.1.1) als Kondensat behandelt und auf (fach-)lexikalischer Ebene der Terminus als Kondensat (Kap. 3.2.1.2). Auf textueller Ebene wird der Titel in seiner Eigenschaft als Kondensat präsentiert (Kap. 3.2.1.3). Dass ich dem Titel Textualität zuweise, ist darin begründet, dass ich den Titel (mit z.B. Nord 1993) als eine Textsorte („type") auffasse; wenn er eine Textsorte darstellt, dann beruht dies letztendlich darauf, dass der Titel als „token" ein Text ist. Im Verhältnis dazu kann ich das Kondensat vom Typ Abstract (Kap. 3.2.1.4) so nicht nur mit dem Merkmal textuell – als Text und in der Abstraktion Textsorte – ausstatten, sondern muss ihm ebenso das Merkmal textsortengebunden zuweisen. Denn wo ein jeder Text *mutatis mutandis* einen Titel hat, so kommt das Abstract nicht bei allen Texten vor, sondern ist textsortenkonventionell bedingt. Die Kondensations-Leistungen der einzelnen Kondensations-Formen können demnach nicht nur einzeln, sondern auch im Verhältnis zueinander berücksichtigt werden.

3.2.1.1 Morpho-lexikalisch: Lexikalische Kurzform

In der einschlägigen Forschungsliteratur wird, spätestens seit Bergstrøm-Nielsen (1952: 3), grundsätzlich zwischen solchen Kürzungsprodukten[36] unterschieden, „[…] die keine eigene, der Schreibung entsprechende Lautgestalt haben, sondern beim Sprechen in die zugrundeliegenden Wörter aufgelöst werden, wie *bzw.* > *beziehungsweise*, *Dr.* > *Doktor*, *vgl.* > *vergleiche* und ähnliche" (Kobler-Trill 1994: 5), und solchen, die nicht nur graphisch, sondern

35 Die Erfüllung des Kriteriums 4 folgt aus der Erfüllung der ersten drei Kriterien und muss deshalb nicht explizit aufgeführt zu werden.

36 Der Terminus „Kürzungsprodukt" (nach Bellmann 1977) wird bis zur Einführung des eigenen Terminus ‚lexikalische Kurzform' verwendet.

auch phonetisch realisierbar sind (ebenda: 13), insofern als sie eine eigene „der Schreibung entsprechende Lautgestalt haben". Zur Veranschaulichung diene z.B. **UKW**, das sich phonetisch etwa als [u ka we] realisiert und eben nicht als [ultrakurzwelle]. Die erste Gruppe wird meist „Abkürzungen", letztere meist „Kurzwörter" genannt[37]. Am Beispiel **km/h**, ausgesprochen [kilometerprostunde] oder aber zunehmend als [ka'em'ha], lässt sich jedoch zeigen, dass das Kriterium der eigenen Aussprache nicht immer fähig ist, die beiden Kurzformen Abkürzung (erstere) und Kurzwort (letztere) zu trennen; **km/h** ist offenbar beides zugleich. Zaehme (1987: 45) schreibt deshalb der Abkürzung die Fähigkeit zu, sich mit der Zeit zu einem Kurzwort zu entwickeln. Impliziert wird dabei, dass das jeweilige Kürzungsprodukt sich bei häufiger Verwendung verselbständigen kann (vgl. Starke 1987a: 61) und dabei die jeweilige originäre Vollform im Sprachgebrauch ersetzt. Man vergleiche z.B. **Laser**, **Radar** und **Aids**, die wohl kaum länger als Kürzungsprodukte aufgefasst werden.[38] Die weitere Auseinandersetzung mit diesem Thema verlagert sich in der einschlägigen Literatur meistens auf eingehendere Analysen der Kurzwörter (so Bellmann (1977 und 1980) sowie Kobler-Trill (1994)), die dann meist in verschiedene Typologisierungen der Kürzungsprodukte münden.[39] Auf die Typologisierung in diesem Sinne gehe ich nicht weiter ein. Was hingegen an dieser Stelle vor allem interessant ist, sind die Gemeinsamkeiten der Kürzungsprodukte (Abkürzungen wie Kurzwörter) aus der Perspektive der Kondensation.

Wenn von einem Kürzungsprodukt gesprochen wird, dann muss dieses Produkt (ab-)gekürzt sein, und zwar muss es die Kürzung einer längeren Form („Vollform" oder „Basislexem" genannt) darstellen [1]. Damit von einer Kurzform die Rede sein kann, muss es also eine zugrundeliegende Vollform geben. Die Relation zwischen den beiden Größen realisiert sich *eo ipso* in der Weise, das die Kurzform kürzer (sic!) ist als die Vollform [2]. Dabei steht die Kurzform in einem materiellen Abhängigkeitsverhältnis zu dieser Vollform.[40] Bei der materi-

37 Vgl. auch Schippan (1963: 539), Bellmann (1977: 142 und 1980: 369), Starke (1987a: 61) und Zaehme (1987: 45), die – wenn auch unter z.T. geänderten Benennungen – dieselbe Trennung aufrechterhalten.

38 Die entsprechenden Vollformen lauten: **light amplification by stimulated emission of radiation**, **radio detection and ranging** und **acquired immune deficiency syndrome**.

39 Zu einigen weiteren in der einschlägigen Literatur viel zitierten Typologisierungsansätzen sei verwiesen auf Bergstrøm-Nielsen (1952), Schippan (1963) und Hofrichter (1977).

40 In der 1993er Ausgabe der „Stilistik der deutschen Sprache" von Fleischer/Michel/Starke ist diesbezüglich eine auffallende formale Inkonsequenz zu bemerken: Die Autoren ordnen die Kurzform – explizit als Kurzform im obigen Sinne eingeführt – **Aubi** ohne Weiteres dem Basislexem **alkoholfrei-**

ell-formalen Reduktion ist ferner zu beachten, dass trotzdem eine Substitutionsbeziehung zwischen Kurzform und Vollform besteht (vgl. Starke 1987a: 61 und Kobler-Trill 1994: 14), die daraus resultiert, dass Kurzformen prinzipiell als Stellvertreter für Vollformen zu betrachten sind (so auch Hofrichter 1977: 5)[41] [3]. Diese Stellvertreterfunktion akzentuiert Kobler-Trill als die „referentielle Unselbständigkeit" der Kurzform (1994: 14). Fraglich ist aber, ob Kurzformen prinzipiell eine eigene Referenz abgesprochen werden kann, denn mit der Verselbständigung von Kurzformen (vgl. oben) geht auch ein Eigenleben (eigene Konnotationen etc.) der Kurzformen einher, was sich exemplarisch im (ehemaligen) innerdeutschen Streit um den Gebrauch der Kurzform **BRD** Ende der siebziger Jahre widerspiegelte (dazu z.B. Walther 1977). Wenn eine Kurzform konventionalisiert ist und anstelle ihrer Vollform verwendet wird, dann kann man dieser Kurzform eine eigene Referenz (vgl. z.B. **Aids** oder **Laser**) nicht absprechen. Bei nicht-konventionalisierten Kurzformen oder aber bei Kurzformen, die einem Rezipienten aus welchen Gründen auch immer nicht bekannt sind, kann die Etablierung einer Referenz natürlich prinzipiell problematisch sein. Dies gilt aber nicht nur für Kurzformen, sondern für Lexeme überhaupt.

Als exemplarische Beispiele morpho-lexikalischer Kondensations-Formen fachsprachlicher Prägung können angeführt werden: Die Vollform **Volt** kann durch ihre Kurzform **V** vertreten werden, **Kilogramm** durch **kg**, **Kilometer** durch **km** usw.

3.2.1.2 Fachlexikalisch: Terminus

Aus der umfangreichen Literatur zum Thema Terminologie[42] geht hervor, dass Konsens darüber herrscht, dass es zur Konstituierung eines Terminus[43] der Synthese zweier Seiten bedarf. In der relevanten DIN-Norm heißt es entsprechend:

> „Ein Terminus ist […] die Einheit aus einem Begriff und seiner Benennung." (DIN-Norm 2342 1986: 6)

---

es **Bier** zu (1993: 147), wo doch das u dem Basislexem nicht entnommen werden könnte, sondern – vermutlich – deswegen hinzugefügt worden ist, weil die Kurzform **Abi** schon besetzt ist.

41 Von der relevanten DIN-Norm (2340: 2) wird folglich konsequent gefordert, dass die Kurzform gebildet werden muss, ohne dass die Bedeutung seiner Vollform geändert werden darf.

42 Ich verweise pauschal auf das über 30 Seiten starke Literaturverzeichnis in Felber/Budin (1989).

43 Auch Fachwort, Fachausdruck, *terminus technicus* oder gar Kunstwort genannt (Fluck 1991: 47).

Mit dieser Zweiseitigkeit, die auch die „terminologische Einheit" bestimmt (Drozd/Seibicke 1973: 146 und Felber 1986: 112), als erstem Kriterium für den Terminus kann die Parallelität zum bilateralen Zeichen und über dieses zum lexikalischen Element (im Sinne von Lutzeier 1995: 5) hergestellt werden. Mit dem bilateralen Zeichen verglichen entspricht die „Benennung" somit der Ausdrucksseite, der „Begriff" der Inhaltsseite.[44]

Bilaterales Zeichen	Lexikalisches Element	Terminologische Einheit
Ausdrucksseite (steht für ↓)	Formseite (steht für ↓)	Benennung (steht für ↓)
Inhaltsseite (ist vertreten durch ↑)	Inhaltsseite (ist vertreten durch ↑)	Begriff (ist vertreten durch ↑)

Tab. 3-1

Wenn aber der Terminus legitim als ein lexikalisches Element gesehen werden kann, wie kann man dann die Kondensations-Erscheinung Terminus von dem lexikalischen Element Wort unterscheiden, zumal sie offenbar beide legitim als sprachliche Zeichen eingestuft werden können? Diese Frage zu beantworten hat für diese Arbeit – über ihren prinzipiellen Charakter hinaus – einen besonderen Stellenwert, denn ein Kritikpunkt an der Vorlage Beneš's ist eben, dass er Kondensate nicht von Wörtern trennen kann (vgl. besonders Kap. 2.1.3.1.1.3). Da sich die Formseite der terminologischen Einheit von der Formseite lexikalischer Einheiten vom Typ Wort im Prinzip nicht unterscheidet[45] – zumal Termini in Texten „[...] den Anforderungen hinsichtlich Grammatik, Syntax usw. der Gemeinsprache entsprechen" müssen (Felber 1986:112) –, wird der Terminus hauptsächlich inhaltlich definiert. Im terminologischen Idealfall wird der Terminus bewusst, intentional und zu einem bestimmten Zeitpunkt geschaffen. Dazu heißt es bei Fluck:

44 In Übereinstimmung mit der DIN Norm 2330 (1993: 3).

45 Diese prinzipielle Übereinstimmung schließt natürlich nicht aus, dass sich zur (Wort-)Bildung der Formseite von Termini mit der Zeit nicht etliche Präferenzen durchgesetzt haben; ich verweise auf Drozd/Seibicke (1973: 144ff.), Spiegel (1979), Möhn (1986), Picht (1987), Arntz/Picht (1989: 116ff.), Zhang (1990: 84ff.) und auf Reinhardt/Köhler/Neubert (1992).

„Terminologisiert, das heißt mit einer Begriffsbedeutung versehen werden, kann jedes Wort der Gemeinsprache.“ (Fluck 1991: 50)[46]

Diese Begriffsbedeutung, die nicht sinnlich wahrnehmbar ist, findet ihre sprachliche Realisierung in der terminologischen Definition, wobei die Begriffsbedeutung folglich nur über eine semiotische Transmutation (Jakobson (1992[1959]): 483) sinnlich wahrnehmbar zu machen ist. Diese Begriffsbedeutung wird bei der Terminologisierung nicht nur bewusst gestaltet, sie wird auch einer Wortform bewusst zugeordnet. Beim lexikalischen Element vom Typ Wort gilt die Zuordnungsbeziehung zwischen Inhalt und Ausdruck – spätestens seit de Saussure – als arbiträr (dazu z.B. Schippan 1992: 77f.). Die Zuordnungsbeziehung zwischen Ausdruck und Inhalt des Terminus ist aber alles andere als arbiträr; im Gegenteil, sie ist eben bewusst geschaffen worden.

Die Inhaltsseite des Terminus wird von der terminologischen Definition, d.h. von der Versprachlichung des Begriffs, sinnlich wahrnehmbar vertreten. Diese Definition ist mit der Intention geschaffen worden, dass sich der Fachmann durch Abrufen der Benennung (für produktive oder rezeptive Zwecke) eine definierte – d.h. nach innen identifizierte und nach außen abgegrenzte – Wisseneinheit vergegenwärtigen kann. Im Sinne von Kalverkämpers textuellem Verständnis von Termini entspricht diese Definition einem (Klein-)Text (nach Kalverkämper 1983: 154). Die Qualität ‚Text‘ einer Definition lässt sich ohne weiteres an diesem Beispiel belegen:

Definition	Benennung	Kurzform
Die Basiseinheit 1 Meter ist das 1 650 763,73-fache der Wellenlänge der von Atomen des Nuklids ^{86}Kr beim Übergang vom Zustand $5d_5$ zum Zustand $2p_{10}$ ausgesandten, sich im Vakuum ausbreitenden Strahlung. (In Anlehnung an Paland (1979: 7))	Meter	m

Tab. 3-2

46 Übrigens in wortwörtlicher Übereinstimmung mit Drozd/Seibicke (1973: 147) und Arntz/Picht (1989: 120).

Diese Definition lässt sich durch ihre Benennung **Meter** vertreten, wobei ich also sagen kann, dass **Meter** für seine Definition steht [3]. Dabei ist diese Definition (Expandat) graphemisch größer als **Meter** (Kondensat) [2]. Die Kondensation realisiert sich also im Verhältnis zwischen der Ausdrucksseite und der Inhaltsseite der terminologischen Einheit, vorausgesetzt beide sind – wie in diesem Falle – aktualisiert [1]. Ferner ist der obigen Tabelle zu entnehmen, dass **Meter** nicht den kondensatorischen Endpunkt bildet. **Meter** kann auch noch legitim von der Kurzform **m** vertreten werden, wobei das Verhältnis zwischen **Meter** und **m** eine morpho-lexikalische Kondensations-Erscheinung ist (Kap. 3.2.1.1). Damit habe ich nicht nur ein konkretes Beispiel der Skalierung von Kondensaten in meinem Sinne gegeben, sondern ebenso auf die Integration der Ebenen Morpho-Lexik und Fachlexik in kondensatorischer Hinsicht hingewiesen (vgl. hierzu Kap. 6).

Die Ausführungen, die zur tabellarischen Aufstellung geführt haben, geben allerdings Anlass zu der Frage, warum denn nicht auch Wörter Kondensate dahinterstehender (Definitions-)Texte sind, denn die Inhaltsseite eines Wortes kann durchaus auch als (Klein-)Text aufgefasst werden. Dieses Eingeständnis liefert Kalverkämper selbst, wobei er die *differentia specifica* des Terminus letztendlich darin sieht, dass dessen Inhaltsseite gesetzt und definiert ist, was für die Inhaltsseite von Wörtern nicht zuträfe. Dagegen kann man jedoch einwenden, dass das Wort, wenn es als Lemma in einem Nachschlagewerk fungiert, doch definiert ist, und dass diese Definition sich in einem (Klein-)Text, dem Lexikoneintrag eben, sprachlich realisiert. Dabei genügt es zur Unterscheidung nicht – wie es Drozd/Seibicke behaupten –, dass die Definition des Terminus eine „wissenschaftliche" ist bzw. sein soll (1973: 44), denn Lexikoneinträgen, z.B. im Wörterbuch der Duden-Redaktion, kann man kaum die Komponente „wissenschaftlich" absprechen. (Dabei nehme ich an, dass nicht alle Einträge in diesem Nachschlagewerk als Termini im Sinne von Drozd/Seibicke zu werten sind.) Im Gegensatz zur Inhaltsseite von Wörtern, die mit der Entwicklung der Sprache entstanden ist und die sich mit ihr entwickelt, ist die Inhaltsseite eines Terminus zu einem bestimmten Zeitpunkt erstellt worden und kann durch Erkenntniszuwachs zu einem bestimmten anderen Zeitpunkt neu definiert oder sogar obsolet werden.[47] So ergibt sich denn auch, dass die Bedeutungsangaben von

47 Vgl. z.B. Unger (1980), die der Entwicklungsgeschichte des elektrotechnischen Terminus „Strom"

Wörtern im Wörterbuch den Charakter einer aktuellen Bestandsaufnahme haben, wohingegen die Definition der terminologischen Einheit verbindlich festgelegt ist.[48]

Wo das Wort in seinem semantischen Potential eine Fülle von virtuellen Semen enthalten kann[49], von denen der (Kon-)Text und/oder die Situation meist eines oder einige wenige determiniert oder aktualisiert, ist das semantische Potential des Terminus mit der Intention geschaffen, dass seine virtuelle Semantik mit seiner aktuellen zusammenfällt. Damit habe ich eine Brücke zum Evokationspotential des Terminus geschlagen, denn der Terminus evoziert für den, der seine Definition kennt, „[...] gerade eine ganz spezifische Sachkenntnis [...]" (Coseriu 1994: 120)[50] und keine andere, was für Wörter im Allgemeinen nicht zutrifft. Wenn man von der bewussten Erstellung der Definition ausgeht, so erklärt sich auch, dass der Terminus – *qua* definitorische Exklusivität – im Gegensatz zum Wort (im terminologischen Idealfall) kontextautonom bzw. kontextresistent ist (vgl. z.B. Fluck 1991: 47). Mit der Kontextautonomie einhergehend ist auch die oft erwähnte „[...] stilistische (expressiv-emotional-modale) Neutralität [...]" (Schulze 1978: 173) von Termini. Wenn also der Terminus eine solche Neutralität und/oder Autonomie aufweist, dann deshalb, weil sein Definitionstext mit diesen Qualitäten vor Augen geschaffen worden ist. (Dabei übersieht Schulze übrigens – und mit ihm andere –, dass der Einsatz von Termini in (Kon-)Texten und Situationen, in denen der Rezipient – aus welchen Gründen auch immer – sie nicht erwartet, von eben diesem Rezipienten nicht als ‚neutral' gewertet werden kann.) Nur wenn sie terminologisiert sind, kann ich also von lexikalischen Elementen sagen, sie sind Kondensations-Formen, weil sie nur als terminologische Einheiten das Kriterium der gegenseitigen Substituierbarkeit von Kondensat und Expandat in allen Fällen erfüllen können.

Im Verhältnis zur Kondensations-Erscheinung lexikalische Kurzform (Kap. 3.2.1.1), bei der die Kurzform in einer materiellen Abhängigkeit zur Vollform

---

nachgeht. Nicht zu leugnen ist dabei, dass die Terminologisierung in dieser Perspektive der Wortschöpfung sehr nahe rückt.

48 Zur weiteren Unterscheidung kann angeführt werden, dass die Inhaltsseite eines Terminus (im terminologischen Idealfall) zeitlich vor der Ausdrucksseite erstellt wurde. In konsequenter Verfolgung des zeitlichen Aspekts kann anschließend gesagt werden, dass die Einträge z.B. im Duden-Wörterbuch natürlich zeitlich nach der Entstehung der Wörter formuliert worden sind.

49 Übersichtlich in einem Aufsatz von Heger (1964) dargestellt.

50 Drozd/Seibicke sprechen diesbezüglich vom Terminus als einem „direkteren Zeichen" (1973: 58).

steht, befindet sich die Kondensations-Erscheinung Terminus in keinem materiellen Abhängigkeitsverhältnis zu ihrem Definitionstext, ihrer Definition. Mit anderen Worten: Wenn ich z.B. den Ausdruck **Meter** in einem Text lese, so kann ich aus der Form [m + e + t + e + r] nicht auf:

> „Die Basiseinheit ist das 1 650 763,73-fache der Wellenlänge der von Atomen des Nuklids ^{86}Kr beim Übergang vom Zustand $5d_5$ zum Zustand $2p_{10}$ ausgesandten, sich im Vakuum ausbreitenden Strahlung." (Paland 1979: 7)

schließen. Denn die einzelnen Konstituenten des Kondensats **Meter** sind dem Expandat nicht entnommen, so wie es bei der lexikalischen Kurzform der Fall ist. Die Konstituenten des Kondensats [k + m] sind ja dem Expandat ***K*ilo*m*eter** entnommen. Der Zugriff auf die Kondensation hat sich so von einem rein formalen auf einen gesetzt inhaltlichen verlagert.

3.2.1.3 Textuell: Titel

Zur Einleitung heißt es zu diesem Thema bei Nord:

> „Ich verwende im folgenden den Terminus Titel für alle Titel von Texten oder Teiltexten und benutze den Terminus Überschrift nur, wenn der Titel tatsächlich über dem Text steht [...]" (Nord 1993: 29)

Ferner heißt es bei Hellwig:

> „Ein aktueller Titel ist einem aktuellen Stück Kommunikation fest zugeordnet" (Hellwig 1982: 157)

Dieses aktuelle Stück Kommunikation nenne ich den Ko-Text (so auch z.B. Hellwig 1982 und Nord 1993) [1]. Unter den vielen Funktionen[51], die dem Titel zugeschrieben worden sind, lassen sich – mit Dietz – drei Hauptfunktionen herauskristallisieren – „Namensfunktion", „Werbefunktion" und „Bezeich-nungsfunktion" (1995: 5f.)[52] –, die sich – so muss man hinzufügen –

51 Ich verweise auf die eingehende Bearbeitung dieses Themas bei Nord (1993: 85ff.).

52 Einen thematisch eingeordneten Forschungsüberblick gibt Dietz (1995: 4ff.).

im aktualisierten Titel ergänzen und je nach der Textsortenzugehörigkeit seines Ko-Textes verhältnismäßig stark akzentuiert sind. Auseinandersetzungen mit Namensfunktion[53] und Werbefunktion[54] sind an sich für meine Zwecke nicht wesentlich, weshalb sie hier ausgespart werden. Wesentlich ist dagegen die Bezeichnungsfunktion des Titels, d.h. der Titel in seiner Eigenschaft als Bezeichnung des Inhalts seines Ko-Textes (Rothe 1986: 176). In der Forschungsliteratur zum Thema Titel herrscht Konsens darüber, dass der Titel das Thema (z.B. Agricola 1979: 22, Hellwig 1982: 4, Siskina 1986: 112, Bretzke 1992: 144 und Nord 1993: 37), den inhaltlichen Kern (Diener 1984: 200, Harweg 1984: 78 und Brinker et al. 2014: 52) oder den Gegenstand (Dijk 1980: 155 und Dietz 1995: 67) seines Ko-Textes auf engstem Raum angibt [2], „[...] wenn das die Absicht des Produzenten war [...]" (Agricola 1979: 22). Dabei akzentuiert Dietz – und ich stimme ihm völlig zu –, dass es für Titel wissenschaftlicher Texte (als eine Ausprägung von Fachtexten) gegenüber solchen literarischer Texte noch wichtiger ist, den (Ko)-Textgehalt im Titel kondensiert wiederzugeben (1995: 94).[55] Die Begründung dafür, dass es besonders für Fachtexte notwendig ist, den Titel als ein Kondensat des (Ko-)Textgehaltes zu konzipieren, ist vordergründig eine pragmatische, zumal der Titel als „Schaltstelle" (op.cit.: 2), oder vielleicht besser als Kontaktstelle[56], zwischen einem Fachtext und seinem potentiellen Rezipienten fungiert.[57] Bei einer geradezu unüberschaubaren (Fach-)Textproduktion, die bereits für 1964 festgestellt wurde –

> "The amount of scientific information published around the world every 24 hours would fill [...] seven complete 24-volume sets of Encyclopedia Britannica [...]. Reading around the clock, day after day, one man

---

53 D.h. der Titel in seiner Eigenschaft als Information darüber, dass es einen Ko-Text gibt (Nord 1993: 37) und wie dieser Ko-Text benannt wird („Identifizierung" op. cit.: 27).

54 Der Titel in seiner Eigenschaft als Aufforderung zum Lesen des titulierten Ko-Textes (dazu übergeordnet vor allem Weinrich 1976: 196).

55 Dabei ist eine Dichotomie von „wissenschaftlich" und „literarisch" nicht überzeugend. Als gelungene Dichotomie kann der Ansatz von Werlich angeführt werden, wenn er alle vorkommenden Texte durch das Merkmal [fiktional] unterscheidet (1979: 21). Danach gehören „wissenschaftliche Texte" und „Fachtexte" (jeweils als Teilmenge) zur Gruppe der nicht-fiktionalen Texte, „literarische Texte" dagegen (als Teilmenge) zur Gruppe der fiktionalen Texte.

56 In Anlehnung an die „Kontaktstiftung" mittels Titel (Rothe 1986: 86).

57 Und somit – noch pragmatischer gefasst – zwischen dem Produzenten und seinem Rezipienten.

would need about 460 years to cover one year's output." (Abramson 1964: 89) –

kann es nicht wundern, dass Titel bei der Informations- und konkreter der Literatursuche in zunehmendem Maße die Rolle des Stellvertreters für Texte einnehmen, da sie fähig sind, ihren Ko-Text in dieser Weise zu substituieren [3].[58]

Der Zugriff auf die Kondensation hat sich mit dem Titel noch weiter in Richtung ‚Inhalt' verlagert. Der Titel des Fachtextes gibt dem Rezipienten "[...] a glimpse of the content of the document" (Diener 1984: 222). Wenn also das Abhängigkeitsverhältnis der lexikalischen Kurzform zu ihrer Vollform ein rein materielles ist – beim Terminus ein gesetzt inhaltliches –, dann ist das Abhängigkeitsverhältnis des Titels zu seinem Ko-Text ein vornehmlich inhaltliches. Als Beispiel einer Kondensations-Erscheinung dieses Typs kann angeführt werden, dass unter der Überschrift „Mangandioxid-Zink-Elemente" (Aus: Fachkunde Elektrotechnik 1993: 500) ein Ko-Text folgt, der über Material, Aufbau und Verwendung dieser Elemente berichtet.

Im Gegensatz zur Kondensations-Erscheinung Terminus, bei der das Expandat gleich einer Definition ist, bringt obiges Expandat – der Ko-Text – keine Definition (im terminologischen Sinne) zu seinem Kondensat Überschrift, sondern das Expandat ist ein Text, der verschiedene Aspekte des Kondensats (*in casu* Material, Aufbau und Verwendung) angibt. Das Kondensat wiederum bringt diese Aspekte auf einen gemeinsamen Nenner. Es gibt ihnen einen Namen; es ‚tituliert' sie. Die weitere Abgrenzung vom Terminus kann ich – mit Hellwig – nun darin sehen, dass der „[...] Zusammenhang von Titel und Ko-Text [...] nur jeweils in Einzelinterpretationen herausgefunden werden [kann]" (1982: 162).[59] Die bewusste Erstellung der terminologischen Einheit sowie ihre verbindliche Festlegung lassen solche Einzelinterpretationen prinzipiell nicht zu.

58 Dazu Oldenburg (1992: 72f.) und besonders Dietz (1995: 145ff.).

59 Hellwig beruft sich bei dieser Aussage vordergründig auf Titel literarischer Texte; prinzipiell muss dies aber ebenso für Titel fachsprachlicher Texte gelten, obwohl der individuelle bzw. kreative Spielraum bei den Titeln von Fachtexten nicht so groß sein kann.

3.2.1.4 Textsortengebunden: Abstract

Mit der relevanten DIN-Norm als Ausgangspunkt verstehe ich unter einem Abstract:

> „Das Kurzreferat [in derselben Norm auch ‚Abstract' genannt] gibt kurz und klar den Inhalt des Dokuments wieder. Das Kurzreferat soll informativ ohne Interpretation und Wertung [...] und auch ohne die Originalvorlage verständlich sein". (DIN-Norm 1426 1988: 2)

Dass das Abstract sich durch relative Kürze im Verhältnis zu seinem „Bezugs- oder Großtext" (Fluck 1988: 70) auszeichnet, gilt als ein Merkmal, über das Konsens herrscht (z.B. bei Kretzenbacher 1990: 11 belegt) [1, 2]. Wenn man aber – wie Borko/Bernier – daraus ableitet, dass diese „reduction in size [...] das eigentliche Wesen des Abstracts aus[macht]" (zitiert nach Fluck 1988: 71), so muss ich einen Vorbehalt äußern: Wenn unbedingt von einem „Wesen des Abstracts" die Rede sein soll, dann muss dieses „Wesen" auch – und m.E. vornehmlich – im inhaltlichen und nicht im formalen Bereich anzusiedeln sein, zumal ein jeder Text reduziert werden kann, ohne dass ein jedes Reduktionsprodukt deshalb (automatisch) als Abstract gelten kann; denn für das Abstract gilt ja, das es den Inhalt seines Bezugstextes wiedergeben soll. Als eine Konsequenz seiner inhaltlichen Abhängigkeit von einer Vorlage, von seinem Bezugstext, gilt als allgemein akzeptiertes Charakteristikum, dass das Abstract stets ein abgeleiteter Text ist (dazu etwa Fluck 1988: 70, Kretzenbacher 1990: 9f., Gläser 1993: 20ff., Göpferich 1995 und Ickler 1996: 178).[60]

Auch gilt als Kriterium, dass der abgeleitete Text „Abstract" ohne seinen Bezugstext verständlich sein muss (vgl. Zitat eingangs). Angeblich in konsequenter Verfolgung dieses Status *als* Text meint Preiβ, das Abstract sei „ein eigenständiger Text" (1983: 88). Mit dieser Bezeichnung muss man aber sehr vorsichtig umgehen, denn – wie oben dargestellt – ist das Abstract inhaltlich von seiner Vorlage abhängig und in diesem Sinne also eben nicht eigenständig. Auch kann auf einer formalen Ebene der Betrachtung auf ein weiteres Abhängigkeitsverhältnis zwischen Abstract und Bezugstext hingewiesen werden. Und zwar weist ein Abstract, das in der Linearität des Textes vor

60 In der Terminologie von Kretzenbacher und Göpferich jedoch: „Sekundärtext" und – in der Abstraktion – „Sekundärtextsorte" genannt.

seinem Bezugstext steht, meist – wenn nicht gar immer – „kataphorische“ bzw. „textdeiktische“ (Ickler 1996: 181) Bezüge zu seinem Bezugstext auf. Exemplarisch kann ein solcher Bezug durch den Einsatz von besonderen Lexemen hergestellt werden, deren Semantik sozusagen eine „kataphorische“ Komponente enthält: „X wird im folgenden beschrieben …“[61]. Für das Abstract, das in der Linearität des Textes seinem Bezugstext nachgestellt ist, gilt, dass in ihm solche Bezüge zum Bezugtstext „anaphorisch“ hergestellt werden können[62], z.B. durch den Einsatz des anaphorischen, bestimmten Artikels, der sich auf das Vorhandensein von Vorinformation, in diesem Falle ganz konkret als Vortext aufzufassen, bezieht (dazu Weinrich 1993: 410ff.). In diesem textgrammatisch-formalen Sinne, ist das Abstract also auch kein ganz eigenständiger Text.[63] Wenn dem Abstract eine Qualität zugeschrieben werden kann, dann kaum die der Eigenständigkeit. Wegen seiner Lesbarkeit als Text mit Anfang, Mitte und Ende (Lausberg 1967: 31) kann ihm eher eine Qualität ‚Selbständigkeit als Text‘ zugesprochen werden. Mit anderen Worten beruht die Selbständigkeit des Abstracts darauf, dass das Abstract alleine als Text rezipiert werden kann. So kann ich das Abstract auch als Stellvertreter für seinen Bezugstext auffassen [3].

Als selbständiger Text – im obigen Sinne – spielt das Abstract – ähnlich dem Titel (Kap. 3.2.1.3) – eine wichtige Rolle bei der Informationssuche. Denn die Lektüre eines Abstracts – in seiner Eigenschaft als inhaltliches Kondensat – verschafft einem potentiellen Rezipienten des Bezugstextes einen ersten Überblick über das im Bezugstext zur Verfügung gestellte Wissen. Einen solchen Überblick liefert aber auch eine andere Textsorte, nämlich die Zusammenfassung. Zu den Kondensaten kann ich die Zusammenfassung jedoch aus mehreren Gründen nicht zählen. Fluck und Oldenburg führen an, dass das Abstract zeitlich nach seinem Bezugstext erstellt wird; beide Autoren geben jedoch gleichzeitig zu, dass dem nicht immer so ist:

61 Beispiel in enger Anlehnung an Ickler (1996: 181) erstellt.

62 Verzichten müsste man bei einem dem Bezugstext nachgestellten Abstract logischerweise auf einen Ausdruck wie „im Folgenden“.

63 Da das Abstract, das selbst ein Text ist, auf seinen Bezugstext verweist, kann ein jeder Bezug zwischen Abstract und Bezugstext mit einem gewissen Recht ferner als eine Ausprägung von Intertextualität bezeichnet werden.

> „Eine Ausnahme bilden hier Abstracts von wissenschaftlichen Vorträgen, die nach unserer Erfahrung häufig formuliert werden, bevor der Bezugstext in seiner Endfassung fertiggestellt ist." (Fluck 1988: 71)

Weniger elegant – tatsächlich sich selbst widersprechend – bringt Oldenburg diesen Vorbehalt zum Ausdruck, indem er zunächst feststellt, dass Abstracts „[...] an letzter Stelle im Produktionsprozeß [stehen]", und unmittelbar danach in einer dazugehörigen Fußnote 18 hinzufügt, „[d]em widerspricht nicht, daß Abstracts ab und zu nicht nach, sondern vor der Fertigung des ‚Bezugstextes' verfaßt werden [...]" (1992: 78). Mit der Position in der Linearität der Textproduktion kann das Abstract so nicht eindeutig von einer Zusammenfassung getrennt werden, da letztere meist auch erst zeitlich nach dem Bezugstext erstellt wird. Es fragt sich nun, ob eine Grenze auf Grund der Position in der Linearität des Textes gezogen werden kann. Bei Oldenburg heißt es dazu:

> „Zusammenfassungen sind von ihrer Position im Text her eindeutig festgelegt; sie sind – soweit vorhanden – der letzte Teiltext von Texten [...]." (Oldenburg 1992: 79)

Die Frage meinerseits lautet nun, was Oldenburg einen abgeleiteten Text nennt, der vor dem Bezugstext steht und der explizit als „Zusammenfassung" tituliert ist? Ein solcher Usus ist z.B. in dem sprachwissenschaftlichen Periodikum „Zeitschrift für Semiotik" (Stauffenberg Verlag, Tübingen) ersichtlich.[64] Ich bin eher geneigt, die Zusammenfassung vom Abstract vordergründig über das jeweilige Verhältnis zum Bezugstext zu trennen – was Oldenburg nur als Zusatz zum formalen Kriterium anführt. Wo das Abstract „[...] in seinem ganzen Verlauf auf einen anderen Text bezogen [ist]" (Ickler 1996: 178) und deshalb keine zuzüglichen Informationen oder Fragestellungen im Verhältnis zu diesem Bezugstext einführen kann, zeichnet sich die Zusammenfassung hingegen dadurch aus, dass sie dazu verwendet wird, auch zusätzliche Informationen oder Themen einzuführen, wie z.B. Ausblick, Implikationen und Desiderat (Gnutzmann 1991: 365 und Oldenburg 1992: 92f.). Dieser informationelle Zusatz kann als eine Ausprägung von „Interpretation" und/oder von

64 Dabei habe ich durchaus Verständnis dafür, dass Oldenburg bestrebt ist, ein formales Kriterium für die Zuschreibung des Prädikats „Zusammenfassung" zu stipulieren.

„Wertung“ gesehen werden; für Abstracts ist – vgl. das Eingangszitat – ein solcher Zusatz aber nicht üblich.

Im Vergleich zur Kondensations-Erscheinung Titel, bei der der Zugriff auf Kondensation ein hauptsächlich inhaltlicher ist, ist der Zugriff auf Kondensation, der mit dem Abstract eingeführt wird, ein gänzlich inhaltlicher, zumal das Abstract als ein selbständiger Text gelesen werden kann. Wo also der Titel den Inhalt seines Ko-Textes in kondensierter Form ‚tituliert‘, spiegelt das Abstract den Inhalt seines Bezugstextes in kondensierter Form wider. Dabei kann natürlich ebenso ein quantitativer Unterschied festgestellt werden. Dies gibt Anlass dazu, auf einen weiteren Unterschied in kondensatorischer Hinsicht zwischen Titel und Abstract hinzuweisen, denn das Abstract kann nur für einen konkreten Text stehen – *qua* inhaltliche Dependenz –; ein Titel (z.B. „Manganoxid-Zink-Elemente“ im vorigen Kapitel) kann dagegen u.U. für eine Reihe von Texten stehen, d.h. eine Reihe von Texten ‚titulieren‘ (vgl. Kap. 3.2.1.3).

3.3 Zusammenfassende Bemerkungen

Morpho-Lexik (*i.e.* lexikalische Kurzform) und Text (*i.e.* Abstract) fasse ich als zwei Pole der kondensatorischen Komplexität auf (vgl. Kap. 3.2.1). An dem einen Pol steht das Kondensat, das materiell abhängig ist von seinem Expandat, an dem anderen steht dagegen das Kondensat, das inhaltlich abhängig ist von seinem Expandat. Sind diese beiden Kondensate auch sehr unterschiedlicher Natur, so kann ich doch – was ihre Komposition betrifft – auf eine Gemeinsamkeit hinweisen. Denn die Konstituenten, die in die Kurzform eingehen (*i.e.* Grapheme), werden genauso wie die Konstituenten, die in das Abstract eingehen (*i.e.* Lexeme), nach Relevanzkriterien ausgewählt. Natürlich handelt es sich dabei um Relevanzkriterien verschiedener Abstraktionsstufen. Wo im Falle der Kurzform **Laser** die Vollform lautet **l**ight **a**mplification by **s**timulated **e**mission of **r**adiation, sind die Partikel by und of offensichtlich für nicht wichtig genug erachtet worden, um in die Kurzform Eingang zu finden. Ähnliches lässt sich am Abstract feststellen, denn auch dort finden nur jene Lexeme und – da es sich beim Abstract um einen Text handelt – ihre Vertextung Eingang, die vom Produzenten als inhaltlich bedeutend bewertet werden.

Nachdem ich den Kondensations-Formen mit sprachlichem Kondensat systematisch nachgegangen bin, kann ich folgende Graphik präsentieren, die sowohl die Skalierung der sprachlichen Kondensate (vgl. Kap. 2.2) als auch die korrelative Dynamik zwischen Kondensation und Expansion berücksichtigt:

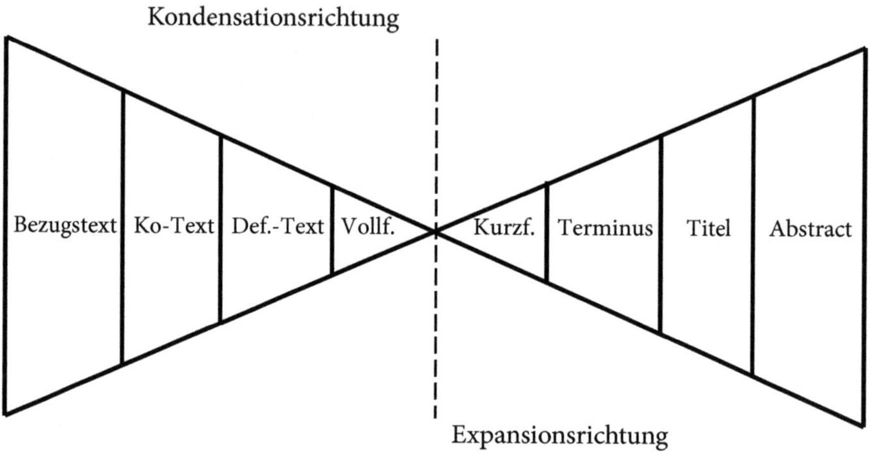

Abb. 3-1

Links der vertikalen Achse sind die Expandate angesiedelt, rechts die Kondensate. Über die vertikale Achse von links nach rechts vollziehen sich Kondensationen (Bezugstext → Abstract, Ko-Text → Titel etc.), von rechts nach links vollziehen sich die entsprechenden Expansionen.

4 Analysestrategie, Methode und der Arbeit zugrundeliegendes Textkorpus

Im vorhergehenden Kapitel habe ich Kondensation als Phänomen betrachtet, in diesem und den folgenden Kapiteln werde ich Kondensation als Prozess betrachten. Aus meiner Betrachtungsweise folgt, dass ich methodische Konsequenzen in Bezug auf die weitere Behandlung des Themas dieser Arbeit ziehen muss.

Während es auf der Ebene des Phänomens möglich war, zwischen einer Kondensation einerseits und einer Expansion andererseits allein durch Veränderung des Blickwinkels zu unterscheiden, so bietet die Ebene des Textes diese Möglichkeit nicht. Auf dieser Ebene sind die beiden die jeweiligen Relationen bildenden Größen – Expandat und Kondensat – im laufenden Text verankert und ihre relativen Positionen somit vom Textproduzenten vorgegeben. Auch steht der Blickwinkel – *i.e.* die Leserichtung – wegen der Linearität des Textes von vornherein fest (vgl. Kap. 3.1). Für den Analyseteil der Arbeit bedeutet dies, dass das, was als Phänomen eine Kondensations-Erscheinung genannt wurde, in Texten entweder als prozedurale Kondensation oder Expansion zum Ausdruck gebracht werden kann (hierzu Kap. 4.1.1).

In diesem Kapitel wird die methodische Basis dafür gelegt, dass ich das Vorkommen von ausgewählten Kondensations-Formen in Texten verfolgen kann. Ausgangspunkt ist dabei die Behandlung der einzelnen Kondensations-Erscheinung (Kap. 4.1). Anschließend wird das Textkorpus dieser Arbeit vorgestellt (Kap. 4.2).

4.1 Kondensations-Erscheinung als Einzelexemplar

Methodisch vollzog sich vom Modell der Kondensation (Kap. 3.1) auf die Kondensations-Formen, die im Katalog aufgeführt sind (Kap. 3.2 bis einschließlich 3.2.2.2.3), eine Relation von „type" auf „tokens". Diese „tokens" oder Kondensations-Formen hatten als gemeinsamen Nenner ausschließlich ihr Übereinstimmen mit den Anforderungen des Modells. Es wurde unmittelbar deutlich, dass die Kondensations-Formen untereinander individuelle Unterschiede aufwiesen. Die erste methodische Reaktion auf diese Unterschiede war die Etablierung einer internen Hierarchie, wie sie im Katalog zum Ausdruck kommt. Die zweite methodische Reaktion, die an dieser Stelle erfolgt, ist, die Kondensations-Formen im Hinblick auf ihre jeweilige Eigenart näher zu untersuchen. Als Einzelexemplare haben sie den gemeinsamen Nenner, dass sie Kondensations-Formen sind. Als Einzelexemplare weisen sie aber auch Eigenschaften auf, die sich nicht durch die Eigenschaften eines anderen Einzelexemplars erklären lassen. Um diese Eigenschaften innerhalb des Rahmens der angewandten und somit textbezogenen Fachsprachenlinguistik (Kap. 1) näher untersuchen zu können, gehe ich der jeweiligen Eigenart in authentischen Fachtexten nach.

Zu diesem Zweck habe ich mich aus mehreren Gründen dafür entschieden, im Analyseteil der Arbeit die Kondensations-Erscheinung Terminus zu behandeln. Erstens sagt schon die Vorkommenshäufigkeit dieser Kondensations-Formen im Vergleich zu den anderen (der lexikalischen Kurzform, dem Titel und dem Abstract) etwas über ihre Relevanz für fachsprachliche Analysezwecke aus und zweitens ist der Terminus *das* fachlexikalische Element *par excellence*.

4.1.1 Kondensation und Expansion als Ausweis fachkommunikativer Strategien

In Konkretisierung der Keller'schen Annahme, „[…] der Einsatz sprachlicher Mittel ist Symptom des damit verfolgten Zwecks" (1995: 120f.), folgere ich, dass auch der Einsatz von Kondensationen und Expansionen als Symptom eines verfolgten Zwecks anzusehen ist. Wenn man sich Keller anschließt, so ergibt sich mit Zimmermann:

> „[Jeder] Versuch der Erreichung von Zielen durch sprachliches Handeln ist im Prinzip strategisch. Strategie bedeutet, daß ein Handeln am möglichen Handeln […] des anderen orientiert ist, es antizipatorisch einplant" (Zimmermann 1984: 141 zitiert nach Heinemann/Viehweger 1991: 214).

Zum dynamischen Begriff der Strategie gehören also einerseits die „antizipatorische Planung“ und andererseits das „Ziel“. In textlinguistische Termini umgesetzt, heißt das, dass man bei der Ausarbeitung des Textplanes „antizipatorisch“ Situations-, Funktions-, und Partnerfaktoren berücksichtigen soll, damit das erwünschte Kommunikationsziel erreicht wird. Plan und Ziel sind so gewissermaßen als Korrelate aufzufassen, da der Plan vom erwünschten Ziel abhängig ist, zumal – umgekehrt – der Plan durch die Existenz eines Ziels überhaupt erst entwickelt wird. Diese Abhängigkeit ruft zwangsläufig eine Dynamik hervor, die sich darin äußert, dass die Textproduzentenstrategie als Korrelat zur antizipierten Textrezipientenstrategie aufgefasst werden kann, eben weil die Produzentenstrategie die – oder eine – Rezipientenstrategie „antizipatorisch einplant“:

> „Wir bestimmen daher Strategie als das Resultat einer Kette von – in der Regel bewußt ablaufenden – Auswahl- und Entscheidungsoperationen, durch die Lösungsschritte und Mittel markiert werden zur Durchsetzung kommunikativer Ziele.“ (Heinemann/Viehweger 1991: 214)

Wenn ich diesen Strategiebegriff für meine Zwecke umsetze, dann kann ich angesichts meines Textkorpus die Frage stellen, ob Kondensationen oder Expansionen zu verzeichnen sind. Da ich ausschließlich mit aktualisierten Zeichen arbeite, stehen dem Produzenten nämlich zwei Möglichkeiten zur Verfügung: entweder „A → a“ oder „a → A“ (Kap. 3.1). Ob er die erste Reihenfolge wählt – und somit die zweite abwählt –, oder ob er die zweite Reihenfolge wählt – und damit die erste abwählt –, d.h. ob er sich für den Prozess des Kondensierens oder den Prozess des Expandierens entscheidet, macht im strategischen Sinne seinen Spielraum aus. Wenn „A → a“ und „a → A“ wegen der Linearität des Textes nicht simultan auftreten können, dann können sie doch in der Linearität des Textes vor- bzw. nacheinander stehen. Wenn in einem Text sowohl eine Versprachlichung der Reihenfolge „A → a“ als auch eine Versprachlichung der Reihenfolge „a → A“ zu verzeichnen sind – und das vielleicht sogar mehrfach –, dann komme ich zu dem Schluss, dass die konkreten Kondensationen und Expansionen im laufenden Text taktische Einzelverfahren sind, die zur Stützung entweder der Strategie des Kondensierens oder der des Expandierens beitragen.

4.2 Zum fachsprachlichen Textkorpus

Das gesamte Textkorpus, auf dem der analytische Teil dieser Arbeit aufbaut, umfasst ca. 200 sogenannte Normseiten (dänischen Musters), d.h. 200 Seiten à 1400 Typen, Zwischenräumen und Satzzeichen pro Seite. Das Gesamtkorpus ist in zwei Teilkorpora gegliedert; jedes Teilkorpus umfasst ca. 100 Seiten.[65]

4.2.1 Zur Beschaffenheit und Aussagekraft des Textkorpus

Abgesehen vom (eher trivialen) Kriterium, dass Texte und Teiltexte, die in das Korpus eingehen, schriftlich fixiert sein müssen, gilt als erstes Kriterium für die Auswahl des Textmaterials dessen fachsprachliche Zugehörigkeit. Dabei ermöglichen – mit Kalverkämper – folgende sieben Kommunikationskonstellationen, dass Kommunikate in Form von fachsprachlichen Texten entstehen:

1) Ein Fachmann (‚Experte') eines bestimmten Faches spricht mit einem anderen Fachmann desselben Faches über Probleme dieses Faches
   Exp. F1 – Exp. F1 – F1
2) Die beiden (1) sprechen über Probleme eines anderen Faches
   Exp. F1 – Exp. F1 – Fx
3) Ein Fachmann eines bestimmten Faches spricht mit einem Fachmann eines anderen Faches über Probleme seines Faches
   Exp. F1 – Exp. F2 – F1 oder auch Exp. F1 – Exp. F2 – F2
4) Die beiden (3) sprechen über ein ganz anderes Fach
   Exp. F1 – Exp. F2 – Fx
5) Ein Fachmann eines bestimmten Faches spricht mit einem Nicht-Fachmann (‚Laien') über sein Fach
   Exp. F1 – L1 – F1
6) Die beiden (5) sprechen über ein ganz anderes Fach
   Exp. F1 – L1 – Fx
7) Zwei Nicht-Fachleute sprechen über ein Fach
   L1 – L2 – F1, 2, x

(Kalverkämper 1983: 143)

65 Ich verweise auf die bibliographischen Angaben zum Korpus im Anhang.

Die Texte und Teiltexte des Korpus sind den Konstellationen 1) und 5) entnommen – in der Annahme, dass ein größtmöglicher extra-linguistischer Unterschied (Fachmann – Fachmann versus Fachmann – Laie bzw. fachintern versus fachextern) sich in größtmöglichen linguistischen Unterschieden in den Kommunikaten äußert. Die Umsetzung der Kommunikationskonstellation 1) und 5) sind in Texten – und damit in ihrer Abstraktion in Textsorten – verankert. Die Textsorten, die in das Korpus eingehen, sind – nach Göpferich (1995) – „Fachzeitschriftenartikel", „Lehrbuch", „populärwissenschaftlicher Zeitschriftenartikel" und „Lexikon"[66]. Damit ist erstens ein breites Spektrum von Textsorten vertreten, das zu Aussagen über den Einsatz von Kondensationen/Expansionen in vielen fachsprachlichen Umgebungen führen kann. Zweitens ist ebenso eine Skala des Fachlichen etabliert worden (vornehmlich in Anlehnung an Kalverkämper 1990 und die kritische Rezeption von Kalverkämper bei Göpferich 1995: 24ff.) und zwar vom „Fachzeitschriftenartikel" als der fachlich merkmalsreichsten Textsorte über „Lehrbuch" und „populärwissenschaftlicher Zeitschriftenartikel" bis hin zum „Lexikon", der – an dieser Skala gemessen – fachlich merkmalsärmsten Textsorte (Göpferich 1995: 124f.). Damit ergibt sich die Möglichkeit, Aussagen über den Einsatz von Kondensationen/Expansionen im Lichte des Fachlichkeitsgrads zu treffen.

Wo es mir möglich war, habe ich Texte und Teiltexte ausgewählt, die von mehr als einem Autor verfasst wurden. Dadurch erreiche ich, dass die Analyseergebnisse nicht idiolektal, sondern eher textsortenkonventionell bedingt sind. Die einzelnen Textsorten sind in den Teilkorpora mit gleichem Umfang vertreten (jeweils 25 Seiten), damit Vergleiche zwischen den Textsorten in Bezug auf das Vorkommen von Kondensationen/Expansionen durchgeführt werden können.

Da sich Fachsprache in diesem Sinne stets in einem textuell gebundenen ‚Kommunizieren über' realisiert, muss dieses ‚worüber' – das fachliche Thema eben – als ein weiteres Auswahlprinzip angeführt werden. Die Texte und Teiltexte des Korpus haben gemein, dass sie ‚über Technik kommunizieren'. Thematisch handelt das erste Teilkorpus, das Primärkorpus, von „elektrochemi-

66 Göpferich nennt diese Textsorte „Enzyklopädie".

schen Stromquellen“ (*i.e.* Batterien, Akkumulatoren, Brennstoffzellen) und ist wie folgt zusammengesetzt[67]:

Textsorte des Primärkorpus	**Typologische Einordnung**	**Größe des Teilkorpus**	**Normseiten**
Fachzeitschriften-Artikel	fortschrittsorientiert-aktualisierend; publizistisch aufbereitet	3 Aufsätze über Elektrochemie: ➢ Elektor ➢ ELVjournal ➢ Peter	26,3
Lehrbuch	didaktisch-instruktiv; theoretisches Wissen vermittelnd; mnemotechnisch organisiert	2 Teiltexte aus zwei Büchern über Elektrochemie: ➢ Fachkunde Elektrotechnik ➢ Krieg	25
populärwissenschaftlicher Zeitschriftenartikel	didaktisch-instruktiv; theoretisches Wissen vermittelnd; Interesse weckend	3 Aufsätze über Elektrochemie: ➢ Dustmann ➢ Hambitzer/Dreher ➢ Kreuer/Maier	25,1
Lexikon	wissenszusammenstellend	Einträge über Elektrochemie aus: ➢ Brockhaus, Naturwissenschaft und Technik ➢ Elektronik Lexikon ➢ Fachlexikon ABC ➢ Lexikon Elektrotechnik ➢ Technik Lexikon	25,1
Umfang des Primärkorpus insgesamt			101,5

Tab. 4-1

Da ein Textkorpus (in Anlehnung an Inghult 1975: 27) dann entsteht, wenn aus der Vielfalt gegebener Texte nach gewissen Prinzipien eine endliche Menge von Texten und/oder Teiltexten ausgewählt wird (vgl. dazu ferner Bergenholtz

67 Das Design der Schemata zur Darstellung der Teilkorpora erfolgt in enger Anlehnung an Göpferich/Schmitt (1996: 398f.).

1988: 17); so stellt auch dieses Korpus das Resultat eines Auswahlprozesses – und somit negativ definiert: das Resultat eines Abwahlprozesses – dar. Die Prinzipien, an die der Prozess des Aus- bzw. Abwählens gebunden ist und von denen der Prozess bewusst gelenkt wird, setzen voraus, dass der Korpusmethode insgesamt eine ausgesprochene Zweck-Komponente zugrunde liegt. Im Allgemeinen soll der Einsatz korpusanalytischer Methoden zweierlei bezwecken: Erstens – und dies muss methodisch stringent als das Hauptanliegen angesehen werden – dienen sie den Erkenntnissen und den davon abgeleiteten Aussagen über die im Korpus vorhandenen Texte und/oder Teiltexte. Zweitens – und dies ist zugleich Streit- und Schwerpunkt der Diskussion um die Rolle der Korpora[68] – gestatten sie im Idealfall, dass Voraussagen über Texte und/oder Teiltexte gleicher – oder angesetzt gleicher – Beschaffenheit, wie die, die in das Korpus eingegangen sind, getroffen werden.

In kritischer Betrachtung der expliziten Hinwendung zur Zweck-Komponente kann man einwenden, dass die Kehrseite dieser Selektion von Texten die der Prä-Manipulation der gewonnenen Erkenntnisse sein könnte. Die Diskussion darüber, ob den aus einer Korpusanalyse gewonnenen Erkenntnissen ein genereller – d.h. ein über das jeweilige Korpus hinausreichender – Aussagewert zugesprochen werden darf, kann an zwei Stellen angeknüpft werden. Mit der Selektion werden Texte und/oder Teiltexte mit gewünschten Merkmalen (in diesem Falle fachlicher wie auch textsortenspezifischer Art) bewusst ausgewählt (wobei Texte und/oder Teiltexte mit unerwünschten Merkmalen abgewählt werden). Die für die Analysen herangezogene Textgruppe – im Sinne von Reiβ (1989: 37) – kann natürlich nicht eine oder *die* Sprache widerspiegeln, sondern sie kann – in doppelter Abhängigkeit sowohl von den Prinzipien der Selektion als auch vom Ziel der Analysen – nur einen Ausschnitt aus einer Sprache bzw. einem Sprachgebrauch exemplarisch vertreten. Wenn daraus logisch stringent abgeleitet wird, dass den Ergebnissen korpusmethodischer Analysen deshalb kein über das jeweilige Korpus hinausreichender Aussagewert zugesprochen werden kann, weil nur das infrage stehende Korpus untersucht wurde, dann lässt sich dieser Kritikpunkt prinzipiell nicht zurückweisen. Da es aber nicht möglich wäre (und die Gründe dafür sind so banal wie vielfäl-

68 Die Diskussion zum Thema „Korpora und Sprache“ hat Stubbs (1996: 230ff.) innerhalb eines größeren Rahmens aufgegriffen. In dieser Arbeit wird eine solche prinzipielle Diskussion nicht geführt.

tig), alle in einer Sprache bzw. einem Sprachgebrauch gegebenen Texte zu analysieren, müssen Stellvertreter, *i.e.* Korpora, herangezogen werden.

Wenn das Korpus seiner exemplarischen Natur nach auch keine apodiktischen Voraussagen über nicht analysierte Texte gleicher – oder ansatzweise gleicher – Beschaffenheit zulässt, so lassen die aus ihm analytisch gewonnenen Erkenntnisse jedoch Hypothesen über nicht analysierte Texte gleicher – oder ansatzweise gleicher – Beschaffenheit zu. Damit solche Hypothesen an Legitimität gewinnen und sich zu plausiblen oder plausibleren Voraussagen kristallisieren können, bedarf es der Dialektik zwischen Hypothese und Analyse. Zu diesem Zweck habe ich noch ein zweites Teilkorpus aufgestellt. Dieses Sekundärkorpus, seiner Funktion nach auch Testkorpus genannt, entspricht in Bezug auf Kommunikationskonstellationen und Textsorten dem Primärkorpus. Im Gegensatz zu diesem ist das ‚Kommunizieren über' des Testkorpus jedoch nicht auf ein Thema beschränkt, sondern die Texte und Teiltexte des Testkorpus weisen eine große thematische Vielfalt auf – von computertechnischen Sachverhalten über Automatisierungstechnik bis hin zur Werkstofflehre.[69] Die Einbringung eines Testkorpus, das sich lediglich bezüglich des ‚Kommunizierens über' vom Primärkorpus unterscheidet, dient mehreren Zwecken: Erstens soll die Analyse dieses Korpus zur Klärung der Frage beitragen, ob der Einsatz von Kondensationen/Expansionen tendenziell von der Sache her determiniert wird, mit anderen Worten ob und im gegebenen Fall wie z.B. die Sache „elektrochemische Stromquellen" besonderen Anlass zum Einsatz von Kondensation/Expansion gibt oder eben nicht. Damit soll erreicht werden, dass nicht nur Aussagen über die isoliert betrachtete ‚Fachsprache der elektrochemischen Stromquellen' getroffen werden können, sondern dass ich ebenso tendenzielle Aussagen treffen kann, deren Geltung ich nun mit einem gewissen Recht auf die deutsche Fachsprache der Technik insgesamt übertragen kann. Zweitens – und dies ist hier mein Hauptanliegen – soll eine Kontrastierung der Befunde beider Korpora zeigen, ob und, wenn ja, wie die Textsorte den Einsatz von Kondensationen/Expansionen determiniert. Gesucht wird daher nach dem Vorkommen oder Nicht-Vorkommen von Kondensationen/Expansionen in den untersuchten Textsorten. Bei der Kontrastierung der Befunde aus den jeweiligen Textsorten habe ich die Gelegenheit, Aussagen zu formulieren, die auf einen etwaigen textsortenspezifischen Einsatz von Kondensationen/Expan-

69 Vgl. des Weiteren die bibliographischen Angaben zum Korpus im Anhang.

sionen hindeuten. Das Testkorpus dient letztendlich zur Erläuterung der Textsortenspezifik der Erkenntnisse, die aus dem Primärkorpus gewonnen werden.

Das Test- oder Sekundärkorpus setzt sich wie folgt zusammen:

Textsorten des Test- oder Sekundärkorpus	**Typologische Einordnung**	**Größe des Teilkorpus**	**Normseiten**
Fachzeitschriften-artikel	fortschrittsorientiert-aktualisierend; publizistisch aufbereitet	4 Aufsätze über Oberflächen-alterung, Computernetzwerk, Automatisierungstechnik, unterbrechungsfreie Strom-versorgung: ➢ Claus/König/Reuter ➢ Gilke ➢ Raap ➢ Scheider	24,7
Lehrbuch	didaktisch-instruktiv; theoretisches Wissen vermittelnd; mnemotechnisch organisiert	2 Teiltexte aus zwei Büchern über Automatisierungstechnik und Fachkunde Metall: ➢ Fachkunde Metall ➢ Töpfer/Besch	25,1
populärwissen-schaftlicher Zeitschriftenartikel	didaktisch-instruktiv; theoretisches Wissen vermittelnd; Interesse weckend	4 Aufsätze über Sonnen-eruptionen, Kraftwerktechnik, Klonierung: ➢ Eberhard-Metzger ➢ Hess ➢ Kayser ➢ Schlegel	24,6
Lexikon	wissenszusammen-stellend	Einträge über Technik aus: ➢ Elektronik Lexikon ➢ Fachlexikon ABC ➢ Lexikon Elektrotechnik	25,1
Umfang des Test- oder Sekundärkorpus insgesamt			99,5

Tab. 4-2

5 Kondensations- und Expansionsanalysen am Beispiel des Terminus im Textverlauf

In diesem Kapitel wird ein Analyseinstrumentarium zur Erfassung von Kondensationen und Expansionen, die Termini beinhalten, im laufenden Text entwickelt. Wie schon angeführt, ist dieses Kapitel dem Terminus[70] aufgrund seiner Eigenschaft als fachlexikalischem Element *par excellence* gewidmet. Die Ergebnisse, die sich aus der Anwendung des Instrumentariums auf das Textkorpus ergeben, werden nach reihenbildenden Merkmalen typologisiert. Zu den einzelnen Typen von Kondensationen und Expansionen werden Aussagen bezüglich ihrer jeweiligen kondensatorischen Leistung getroffen. Sie werden außerdem auf ihre Textsortenbedingtheit hin geprüft und diskutiert. Mein Zugang erlaubt mir dabei, dass ich auf eine Reihe neuer Einsichten textsortenstrategischer Natur hinweisen kann (dazu auch Kastberg 1999) sowie einen ersten Einblick nicht nur in die materielle, sondern auch in die sequentielle Komplexität des Kondensierens bzw. des Expandierens im laufenden Text geben kann.

5.1 Analyseinstrumentarium zur Kondensation im laufenden Text

Unter dem fachlexikalischen Kondensationstypus im laufenden Text verstehe ich in Anlehnung an Kalverkämper zunächst das Verhältnis, bei dem ein Terminus „[...] kataphorisch durch Erklärungskontext vorbereitet [wird]“ (Kalverkämper 1987: 43). Graphisch bringt Kalverkämper dieses Verhältnis folgendermaßen zum Ausdruck:

70 Es sei darauf hingewiesen, dass nur Termini aus der Wortklasse der Substantiva in die Arbeit Eingang gefunden haben. Ich nehme vorweg, dass Adjektive und Verben ebenso terminologisiert werden können und es auch weitgehend werden.

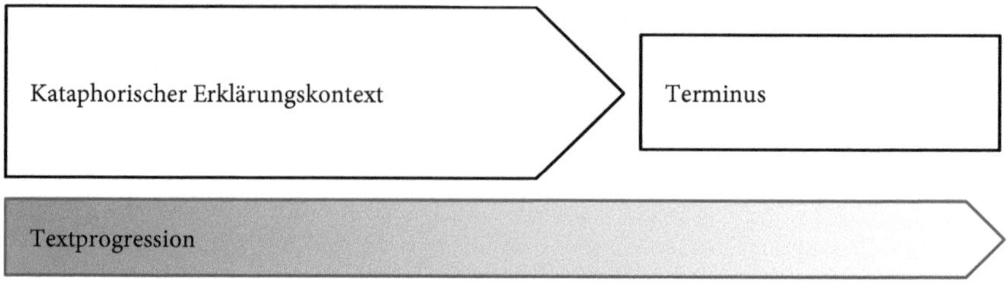

Abb. 5-1 – erstellt in Anlehnung an Kalverkämper (1987: 44)

Die obige Abbildung illustriert, dass sich die prozedurale Kondensation in einer Relation manifestiert, und zwar in dem relationalen Verhältnis zwischen „Erklärungskontext“ und „Terminus“. Ferner lässt sich aus der Darstellung ableiten, dass die Kondensation eine Relation ist, bei der eine umfangreichere sprachliche Größe, Expandat, (*i.e.* „Erklärungskontext“) in der Linearität des Textes in eine graphemisch kleinere sprachliche Größe, Kondensat, (*i.e.* „Terminus“) kondensiert wird. Für meine Zwecke muss ich die Vorlage Kalverkämpers jedoch an dieser Stelle nuancieren; als Ausgangspunkt dient folgendes Beispiel:

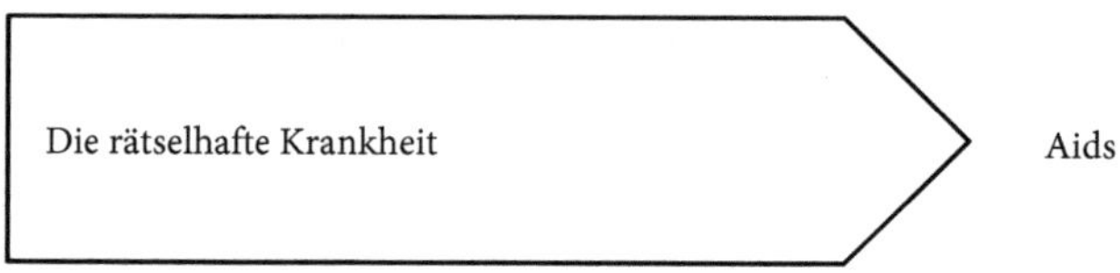

Abb. 5-2 – erstellt in Anlehnung an Kalverkämper (1987:46)

Die Position, die bei der Beschreibung des Phänomens der Kondensations-Erscheinung Terminus vom Definitionstext eingenommen wird (Kap. 3.2.1.2), nennt Kalverkämper „Erklärungskontext“. Dabei bringt er die wichtige Abgrenzung zum Ausdruck, dass nicht unbedingt von einem Definitionstext im distinktiven terminologischen Sinne (vgl. etwa Wüster 1979:29 ff.) die Rede sein muss. Seiner Ausführung folgend, dass der Erklärungskontext den Terminus vorbereite, kann durchaus gesagt werden, dass **Die rätselhafte Krankheit** den Terminus **Aids**[71] vorbereite, nur besteht zwischen den beiden sprachlichen Größen keine paradig-

71 Ich übernehme der Einfachheit halber den Ausdruck Terminus für **Aids**, obwohl **Aids** in dieser Arbeit als Kondensat einer morpho-lexikalischen Kondensations-Erscheinung gilt (vgl. Kap. 3.2.1.1).

matische Substituierbarkeit (Kap. 3.1). Mit anderen Worten könnte das Syntagma **Die rätselhafte Krankheit** genauso gut den Terminus **Ebola** oder aber **Krebs** vorbereiten. In konsequenter Verfolgung dieses Gedanken kann so **Die rätselhafte Krankheit** alleine nicht **Aids** vertreten. Die Forderung der gegenseitigen Substituierbarkeit von Kondensat und Expandat ist daher nicht erfüllt (ebenda). Hauptanliegen dieser Abgrenzung gegenüber der Vorlage Kalverkämpers ist das Bemühen, ein operationalisierbares Analyseraster zu entwickeln, das fähig ist, Kondensationen von den bloßen semantischen Determinationen vom Typ ‚Determinans – Determinandum' zu trennen, wie diese z.B. (aber nicht nur) in Attributionen auftreten (etwa Weinrich 1993: 478). Die Schwierigkeit bei der Anwendung von Kalverkämpers Modell liegt also in seinem „Erklärungskontext", der offenbar nicht immer fähig ist, als Expandat in meinem Sinne zu gelten.

Da ich davon ausgehe, dass das Produzieren von Fachtexten strategischen Überlegungen untergeordnet ist, stellt der Einsatz von solchen „Erklärungskontexten" ein Produkt textstrategischer Überlegungen dar (Kap. 4.1.1). Daraus leite ich wiederum ab, dass der Produzent diesen ‚Kontext' einem Terminus bewusst zugeordnet hat, weshalb ich im Folgenden den Ausdruck „Zuordnungskontext" aus terminologischen Gründen für meine Zwecke dem „Erklärungskontext" vorziehen werde. Dass der Zuordnungskontext dem Definitionstext der Terminologie ähnlich ist, zeigt sich in der semiotischen Zweiseitigkeit, da der Zuordnungskontext sich durch den Terminus vertreten lässt, wobei – umgekehrt – der Terminus für den Zuordnungskontext stehen kann (hierzu Kap. 3.2.1.2). Im semiotischen Sinne gilt so der Zuordnungskontext als Zeicheninhalt für den Terminus, der seinerseits als Zeichenausdruck für den Zuordnungskontext gilt. Wenn sich aber dieses semiotische Verhältnis im laufenden Text realisiert, dann ist es ein aktuelles und somit prinzipiell ein einzeltextgebundenes semiotisches Verhältnis. Dass die Qualitäten ‚aktuell' und ‚einzeltextgebunden' der prozeduralen Kondensation eigen sind, zeigt sich sehr deutlich darin, dass dieser ‚Kontext', den der Produzent seinem Rezipienten im laufenden Gesamttext kataphorisch zur Verfügung stellt, nicht oder nur sehr selten Wort für Wort identisch ist mit dem von DIN oder anderen Normungsinstitutionen vorgeschriebenen normierten Definitionstext. Zumindest ergaben meine Untersuchungen keine 1:1-Entsprechungen zwischen normierten Definitionstexten und den im laufenden Text zur Verfügung gestellten Zuordnungskontexten des Textkorpus. Dafür können zwei Gründe angeführt werden. Erstens würde die Einbringung voller Definitionstexte den Fachtext bis ins Unleserliche aufblähen (vgl. das Beispiel **Meter** und sein Definitionstext im Kap. 3.2.1.2). Zweitens – und dies ist wohl der

Hauptgrund – darf davon ausgegangen werden, dass der Textproduzent sich der Grice'schen Maxime der Relevanz bewusst ist. Das bedeutet für den kataphorisch zur Verfügung gestellten Zuordnungskontext, dass er nur solche Informationen hineinbringt (d.h. dem Terminus nur solche Informationen zuordnet), die vom Produzenten für seinen Rezipienten in der Situation als relevant angesehen werden. Im Anschluss an diese Argumentation ist das Auftreten eines Zuordnungskontextes nun dadurch erklärbar, dass der Textproduzent gewisse Erwartungen gegenüber seinem Textrezipienten hat bzw. haben muss, wobei der Zuordnungskontext vom Textproduzenten als ein Erwartungskorrelat des von ihm als fehlend angenommenen Vor- oder Fachwissens seitens seines Textrezipienten gesehen wird.

An einem Beispiel aus meinem Korpus erläutert:

feinverteiltes, poröses Blei (Bleischwamm) [Beleg (Brockhaus 28;I)]

lässt sich ein aktuelles semiotisches Verhältnis zeigen, worin als Zuordnungskontext, als Expandat, **feinverteiltes, poröses Blei** fungiert, während (**Bleischwamm**) als kondensiertes Korrelat, als Kondensat, dient. Das virtuelle semiotische Verhältnis zwischen Ausdruck und Inhalt auf der Ebene der *langue* lässt sich im Allgemeinen seit de Saussure durch folgende Abbildung illustrieren:

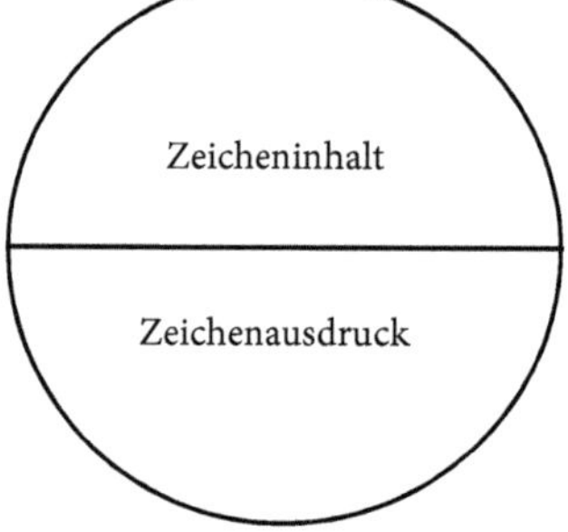

Abb. 5-3

Das aktuelle semiotische Verhältnis zwischen Inhalt und Ausdruck, wie es im laufenden Text – d.h. auf der Ebene der *parole* – durch Expandat und Kondensat vertreten (oder: materialisiert) wird, und bei dem der Zeichencharakter der Kondensations-Erscheinung im Text explizit zum Ausdruck gebracht wird, kann hingegen durch folgende Abbildung illustriert werden:

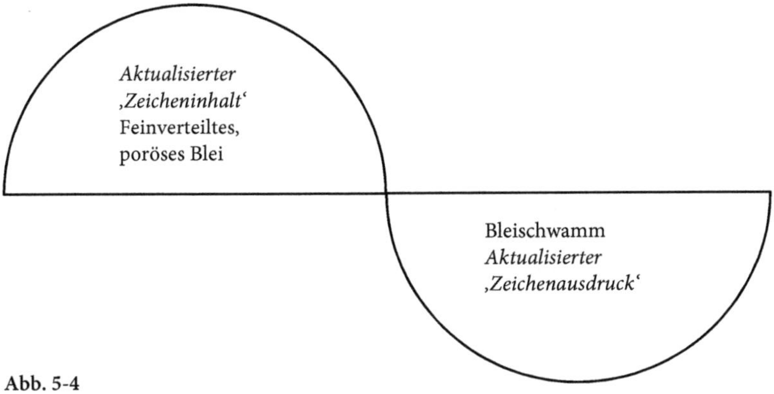

Abb. 5-4

In der Linearität des Textes wird dem Rezipienten so zunächst ein ‚Inhalt' erklärt, für den er im Nachhinein einen ‚Ausdruck' zur Verfügung gestellt bekommt. Es sei dabei bemerkt, dass die Leistung des Rezipienten, die darin besteht, diesen ‚Zeichenausdruck' als ‚Ausdruck' eines vorangehenden ‚Zeicheninhaltes' zu erkennen – bzw. zu erlesen –, rückläufig zum fortschreitenden Text erfolgt bzw. erfolgen muss. Wenn also im Textverlauf der Zuordnungskontext vor dem Terminus steht, kann die Operation des Kondensierens im laufenden Text als eine onomasiologische Operation charakterisiert werden. In ihrer Eigenschaft als onomasiologische Operation kann jetzt ein wesentliches Charakteristikum der prozeduralen Kondensation gezeigt werden, und zwar ihre Benennungsfunktion nach dem Muster:

> feinverteiltes, poröses Blei [*nennt man*] Bleischwamm [Beleg (Brockhaus 28;I)]

Als authentisches Beispiel dafür, dass diese Benennungsfunktion im laufenden Text durchaus auch formuliert wird, soll angeführt werden:

> Die negative Elektrode gibt Ionen ab. Man nennt sie Katode. [Beleg (Fachkunde Elektrotechnik 498;I)]

Für meine Analysen sind solche Beispiele onomasiologischer Operationen dem Korpus entnommen worden und in die Belegsammlung eingegangen, die nach dem (Benennungs-)Muster Definiens → Definitor → Definiendum[72] zusammengestellt worden sind. Dieses Muster versteht sich als eine Konkretisierung im Sinne von Versprachlichung der onomasiologischen Operation. Mit dem (Benennungs-)Muster Definiens → Definitor → Definiendum ist dem Analyseinstrumentarium gleichzeitig eine Verifikations- bzw. Falsifikationsprobe angeschlossen worden, die dafür sorgen soll, dass tatsächlich nur prozedurale Kondensationen in die Belegsammlung eingehen. Denn mit dem Einsatz des Operators „Definitor" (prototypisch als ‚Sein'-Prädikation oder formelhaft als ‚=' zum Ausdruck gebracht) können die beiden die Kondensation konstituierenden Größen jetzt auf ihre paradigmatische Substituierbarkeit (dazu Kap. 3.1) hin geprüft werden, zumal der Definitor für die gegenseitige Substituierbarkeit der Größen bürgt, für die er als Definitor dient. In den Fällen also, in denen die sprachliche Größe, die zum Paradigma des Definiens gehört, durch die sprachliche Größe, die zum Paradigma des Definiendums gehört, substituiert werden kann, ist das Vorhandensein einer prozeduralen Kondensation mit operationalisierbaren Mitteln nachgewiesen (Voraussetzung ist selbstredend, dass die kondensationsverdächtigen sprachlichen Größen vor dieser Probe die übrigen, der Probe vorausgehenden Kriterien schon erfüllt haben).

Die Größen Definiens, Definitor und Definiendum, die ihrer Natur nach funktional festgelegt sind, können im Textverlauf natürlich materiell/formal auf unterschiedliche Art und Weise vertreten werden. Das Definiens wird von einer oder von mehreren dem Rezipienten als bekannt vorausgesetzten lexikalischen Einheiten repräsentiert. Das Definiendum dagegen wird durch einen Terminus vertreten, den der Textproduzent als seinem Rezipienten unbekannt voraussetzt.[73] Zwischen den beiden befindet sich der Definitor, der von orthographischen, graphischen oder meta-sprachlichen Instruktionen im Text vertreten ist. Zu den orthographischen Instruktionen zähle ich: runde Klammern, die als Parenthesen fungieren, sowie Kommata, Gedankenstriche o.ä., die eine appositive Ergänzung oder einen Einschub eingrenzen. Als graphische Instruktionen werden Fettdruck, Kursivdruck, Spatium und Pfeile jedweder Art aufgefasst. Meta-sprachliche Instruktionen sind hier solche textkommentie-

72 Zum Thema Definitionen sei z.B. auf die umfassende kompilatorische Arbeit von Frandsen (1980) (besonders 17 ff.) hingewiesen.

73 Oder aber der Produzent möchte sich – aus welchen Gründen auch immer – vergewissern, dass dem Rezipienten genau der vom Produzenten gewünschte Inhalt als Rezeptionsangebot im laufenden Text bereitgestellt wird.

renden Signale, die dem Rezipienten kundtun, dass er in der Linearität des Textes als Nächstes einen benennenden Stellvertreter für das eben angeführte Definiens erwarten darf, etwa: d.h., nennt/bezeichnet man, diese/r/s.

Am oben angeführten Beispiel erläutert, sieht das Analysemuster demnach so aus:

> [feinverteiltes, poröses Blei]^{Definiens} → [()]^{Definitor} → [Bleischwamm]^{Definiendum}
> [Beleg (Brockhaus 28;I)]

Das Definiendum ist dem Definiens untergeordnet, was sich darin zeigt, dass das Definiendum z.B. als Apposition, als parenthetische Ergänzung, als Relativsatz o.ä. vorkommen kann. Die operationalisierbare Verifikation/Falsifikation dessen, dass es sich in diesem Fall tatsächlich um eine Kondensation handelt, besteht letztendlich in der Substitutionsprobe, wobei

> [feinverteiltes, poröses Blei]^{Definiens} → [()]^{Definitor} → [Bleischwamm]^{Definiendum}

in

> [Bleischwamm]^{Definiendum} → [ist/=]^{Definitor} → [feinverteiltes, poröses Blei]^{Definiens}

transformiert werden kann, ohne dass dabei behauptet werden könnte, der Definitor sei als Operator ungültig.

Der von mir vorgeschlagene Zugang lässt sich wie folgt graphisch zum Ausdruck bringen:

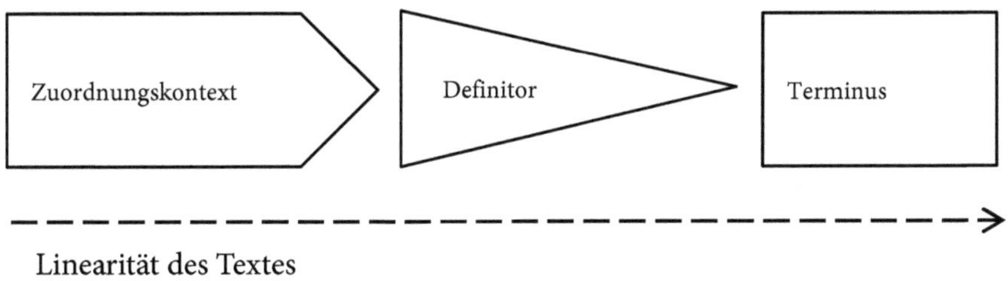

Abb. 5-5

Im Vergleich zur Vorlage Kalverkämpers (vgl. Abbildung 5-1) bedarf obige Illustration meines Zugangs einiger Erläuterungen. Erstens gehen aus ihr die drei Komponenten meines Analyserasters deutlich hervor, während bei Kalverkämper nur von zwei Komponenten die Rede ist, die in ihrer Synthese angeführt werden. Zweitens geht aus meiner Dreiteilung an sich hervor, dass mir vordergründig nicht die Synthese von Expandat und Kondensat wichtig ist, sondern ihre analytische Zerlegung. Drittens verzichte ich auf die Verwendung des Ausdrucks „Textprogression", weil er m.E. Assoziationen an die Thema-Rhema-Gliederung (vgl. etwa die Rezeption bei Brinker et al. 2014) bzw. an die funktionale Satzperspektive (vgl. etwa Eroms 1986) weckt, was für meine Zwecke nicht angemessen ist. Stattdessen verwende ich den neutraleren Ausdruck Linearität des Textes.

5.1.1 Abgrenzungen

Im Anschluss an die Beschreibung meines Analyseinstrumentariums können jetzt einige Ab- und Ausgrenzungen vorgenommen werden.

In ihrer Arbeit zur Textsortentypologisierung folgt auch Göpferich Kalverkämpers These der Kondensation (sowie der Expansion) im laufenden Text (vgl. etwa Göpferich 1992; 1995 und Göpferich/Schmitt 1996), die sie jedoch ausschließlich zum Zweck der Textsortentypologisierung einsetzt.

> „Erscheint der Terminus vor dem ihn erläuternden metasprachlichen Element, so werte ich dies als Definition, Explikation bzw. Präzisierung; geht das metasprachliche Element dem Terminus kataphorisch voraus, so betrachte ich es als Einführung eines neuen Terminus (vgl. hierzu Kalverkämper 1987: 43f.)" (Göpferich 1995: 385)

Daraus wird ersichtlich, dass es trotz der Neubenennungen „Definition, Explikation bzw. Präzisierung" statt „Expansion"[74] und „Einführung eines neuen Terminus" statt „Kondensation", um den gleichen Sachverhalt geht. (Wenn auch die Neubenennung wohl als Ausdruck einer anderswertigen Akzentuierung dieses Sachverhaltes angesehen werden muss.)

Unter dem Kapitel „Einführung neuer Termini" führt Göpferich folgendes Beispiel an:

74 Die Diskussion bezüglich der „Definitionen, Explikationen, Präzisierungen" erfolgt sinngemäß im Kap. 5.5.1 nach der Beschreibung des Analyserasters zur Expansion.

> „Der Druck zwischen 0 bar (Vakuum) und 1 bar (atmosphärischer Druck) wird als negativer Überdruck bezeichnet.“ (Göpferich 1995: 385)

In diesem Beispiel signalisiert das Syntagma „negativer Überdruck“ den neuen Terminus. Dass dieses Beispiel eine Kondensation in dem in dieser Arbeit vorgeschlagenen Sinne darstellt, steht außer Frage. Dabei spart Göpferich konsequenterweise die Expansionsverhältnisse aus – mit ihren Worten die „Definition, Explikation bzw. Präzisierung“–, die zwischen **0 bar** und **Vakuum** sowie zwischen **1 bar** und **atmosphärischer Druck** bestehen. Für meine Zwecke werden im Gegensatz hierzu alle Kondensationen und Expansionen einzeln gezählt. Im Gegensatz zu meinem Ansatz gilt auch, dass Göpferich nicht zwischen Kondensation und Expansion unterscheidet. In ihrer tabellarischen Aufstellung zu dem Kapitel findet man so z.B. die folgenden Beispiele nebeneinander:

a) „Der Kolbendurchmesser wird mit *d* bezeichnet“

Gegenüber

b) „P: Parkstellung“

Im Beispiel a) wird etwas Neues eingeführt (mit anderen Worten **Kolbendurchmesser** wird in ***d*** kondensiert); am Beispiel b) ist dagegen ersichtlich, dass in ihrem Sinne tatsächlich etwas „definiert, explizitiert, präzisiert“ wird (mit anderen Worten **P** wird auf **Parkstellung** expandiert).

Ich möchte einen weiteren Unterschied gegenüber dem Ansatz von Göpferich geltend machen. Aus meiner Sicht wird in ihrem Material bei a) ein Terminus in ein Formelzeichen kondensiert, bei b) dagegen wird eine lexikalische Kurzform auf ihre Vollform expandiert, weshalb solche Beispiele bei mir als Zeugnisse zweier verschiedener Erscheinungsformen gelten – Kondensation vom Typ: Terminus → Formelzeichen (Kap. 5.2.2) bzw. Expansion vom Typ: Kurzform → Vollform. Im Gegensatz zu Göpferich gehe ich davon aus, dass es tatsächlich einen Unterschied macht, ob kondensiert oder expandiert wird (vgl. hierzu 5.6) und gegebenenfalls, wie Kondensationen oder Expansionen zum Ausdruck gebracht werden.

Diese Arbeit muss sich ferner gegenüber einer Gruppe mit nur vier Belegen aus meinem Korpus abgrenzen. Zur Illustration seien zwei dieser Belege angeführt:

(1) Alkali-Mangan-Zellen (Marke „Accucell") [Beleg (Elektor 22;I)]

oder bloß:

(2) eines PC-gesteuerten HP-Multimeters (PH34401A) [Beleg (Elektor 22;I)]

In diesen Beispielen bestehen keine Kondensations-Relationen, obwohl es der Form nach so scheint, und zwar deshalb nicht, weil sich die Relation, die ich paradigmatische Substituierbarkeit (vgl. Kap. 3.1) genannt habe, in obigen Konstruktionen nicht realisiert. Im ersten Beispiel reicht **Marke „Accucell"** nicht aus, um **Alkali-Mangan-Zellen** zu vertreten, zumal der Rezipient nichts Näheres über **Alkali-Mangan-Zellen** erfährt, sondern lediglich den Namen eines Produzenten solcher Zellen. Wenn von einer Relation die Rede sein soll, dann von einer Relation „Terminus, Gattung → Markenname"[75]. Im zweiten Beispiel kann sogar von einer Relation „Terminus, Gattung → Markenname, Exemplar" die Rede sein. Bemerkenswert ist übrigens, dass solche Relationen im Gesamtkorpus ausschließlich in der Textsorte „Fachzeitschriftenartikel" (vgl. Kap. 4.2.1) vorkommen. Ich neige zu der Annahme, dass dies mit dem sehr hohen Fachlichkeitsgrad dieser Textsorte zusammenhängt, denn offenbar hält es der Textproduzent nicht für notwendig, sich zu **Alkali-Mangan-Zellen** oder **eines PC-gesteuerten HP-Multimeters** kontextuell erklärend zu verhalten.[76] Ihn interessiert offenbar eher die Festlegung einer einzelnen Ausprägung dieser Begriffe – sei sie Marke oder Exemplar –, was für mich ein Indiz dafür ist, dass sich der vornehmlich extra-linguistisch festgelegte Fachlichkeitsgrad linguistisch in einem hohen Spezifikationsgrad widerspiegelt.[77]

75 Die Gruppe stellt einen Grenzfall zur „Doppelterminologie im Text" dar; für die Besprechung dieses Phänomens verweise ich auf Kap. 5.5.1.

76 Diese Annahme wird mehrmals in den Diskussionen der folgenden Kapitel unterstützt.

77 Der Beitrag, den diese Arbeit zu Textsortenprofilen leisten kann, wird in den folgenden Kapiteln angesprochen.

5.2 Typologisierung der Belege

In den folgenden Kapiteln werden die Kondensationen im laufenden Text, die sich bei der Anwendung des Analyseinstrumentariums auf die Texte und Teiltexte des Korpus ergeben haben, je nach der als relevant gesetzten Eigenschaft typologisiert. Die Gegenüberstellung der Belege für Kondensationen und Expansionen im laufenden Text erfolgt sinnvollerweise erst ab Kap. 5.6.1.

5.2.1 Kondensationen vom Typ: Zuordnungskontext → Terminus

Als exemplarisches Beispiel dieses Kondensationstypus führe ich Folgendes an:

(3) feinverteiltes, poröses Blei (Bleischwamm)
⇓
[feinverteiltes, poröses Blei]^{Definiens} → [()]^{Definitor} → [Bleischwamm]^{Definiendum} [Beleg (Brockhaus 28;I)]

Dieser Kondensationstypus ist im Primärkorpus mit ca. 62 % im „Lexikon“, mit ca. 30 % im „Lehrbuch“, mit ca. 6 % im „populärwissenschaftlichen Zeitschriftenartikel“ und 2 % im „Fachzeitschriftenartikel“ vertreten.

Die Erklärung dafür, dass dieser Kondensationstypus besonders im „Lexikon“ und im „Lehrbuch“ Anwendung findet, liegt eventuell darin, dass die Produzenten solcher Texte didaktisch vorgehen, denn die Benennungsfunktion der Kondensation (vgl. Kap. 5.1) impliziert einen didaktischen Aspekt. Und zwar kann die Reihenfolge (Zuordnungskontext → Terminus) durchaus als Zeugnis einer Benennungsstrategie aufgefasst werden, bei der die Kondensation zu einem taktischen Einzelverfahren abstrahiert wird, das über ein intendiertes Begriffslernen (*i.e.* das Erlernen des Zuordnungskontextes) zu einem intendierten Benennungslernen im laufenden Text führt. So gibt es denn auch etliche Beispiele, die diese Benennungsfunktion der Kondensationen im laufenden Text zum Ausdruck bringen. So z.B. im „Lexikon“:

(4) elektrochemische Stromquellen *nennt man* auch „Sekundärelemente“ [Beleg (Elektronik Lexikon 19;I)][78]

78 Kursivstellungen sind von mir zur Veranschaulichung hinzugefügt.

und im „Lehrbuch“:

(5) Die negative Elektrode gibt Ionen ab. *Man nennt* sie Katode [Beleg (Fachkunde Elektrotechnik 498;I)][79]

Es ergibt durchaus einen Sinn, dass im „Lexikon“ und im „Lehrbuch“ solche Kondensationen häufig vorkommen; denn in beiden Textsorten geht es hauptsächlich darum, dass ein (vom Produzenten angenommenes) Wissensdefizit des Rezipienten behoben werden soll. Dass die Mehrzahl der Kondensationen in der Textsorte „Lexikon“ zu verzeichnen ist, fügt sich – bei einer ersten Betrachtung – eigentlich sehr schön ins Bild, denn die Textsorte „Lexikon“ wird ja sowohl von Beneš (1973) als auch von Göpferich (1995) als eine „kondensierte“ Textsorte angesehen. Auf eine weitere Auseinandersetzung mit dieser Annahme wird aber vorerst verzichtet; ich verweise allerdings auf Kapitel 6.1, wo diese Diskussion wieder aufgenommen wird.

Besonders für die Textsorte „Lehrbuch“ muss gelten, dass die Benennungsfunktion der Kondensation eine intendierte Terminologisierung im laufenden Text darstellt. Dem Rezipienten wird so zur Interiorisierung von Termini im aktuellen Textverlauf verholfen, ohne dass er außerhalb des konkreten Textes – was einerseits zeit- und kräfteraubend und andererseits einem Lerner u.U. nicht zuzumuten ist – nach den Inhalten dieser Termini suchen muss. Eine weitere didaktische Qualität einer solchen Terminologisierung im laufenden Text ist, dass der Produzent im textuellen Nachhinein jetzt das Kondensat, d.h. den Terminus, alleine verwenden bzw. als wiederaufnehmendes Element einsetzen kann (vgl. Kap. 5.3). Er kann nun sicher sein, dass der Rezipient weiß – vorausgesetzt natürlich dieser hat den vorhergehenden Text gelesen und verstanden –, für welchen Zuordnungskontext der Terminus steht.

Im Testkorpus sind Kondensationen dieses Typs in den Textsorten „Lexikon“ und „Lehrbuch“ sehr stark vertreten, und zwar mit jeweils rund 42 % und etwa 30 % der gesamten Belege dieses Typs. Die Ergebnisse der beiden Teilkorpora stimmen also auf dieser Ebene der Analyse an zwei Stellen überein: Erstens ist dieser Typus in beiden Textsorten der am stärksten vertretene und zweitens ist er bei einer internen Gewichtung der beiden Textsorten jeweils im „Lexikon“ am häufigsten zu finden. Was kann ich nun daraus ablei-

79 Kursivstellungen sind von mir zur Veranschaulichung hinzugefügt.

ten? Erstens kann es nicht nur als ein bloßer Zufall gelten, wenn der überwiegende Anteil der Kondensation in diesen beiden Textsorten vertreten ist. Zweitens ist dies ein Indiz für die Plausibilität der These, dass nicht die Sache bzw. das Fach[80], sondern die Textsorte über den Einsatz von Kondensationen entscheidet (vgl. dazu Kap. 4.2.1 und 5.8).

Die Erklärung dafür, dass dieser Typus der Kondensation im Primärkorpus in der Textsorte „populärwissenschaftlicher Zeitschriftenartikel" verhältnismäßig schwach vertreten ist, steht noch aus. Im Testkorpus tritt dieser Typus zwar auch auf, aber mit nur vier Belegen ist sein Umfang sehr begrenzt. Dabei ist die Zahl der Belege in dieser Textsorte mit der Zahl derer in der Textsorte „Fachzeitschriftenartikel" des Testkorpus identisch. Da ich vorwegnehme, dass die beiden Textsorten sehr verschiedene extra-linguistische Fachlichkeitsgrade aufweisen (dazu Kap. 4.2.1), kann die Erklärung für die Übereinstimmung der Beleganzahl nicht in der Übereinstimmung des Fachlichkeitsgrades liegen. Ich sehe sie denn auch vielmehr darin begründet, dass es nicht das Anliegen eines Produzenten von „populärwissenschaftlichen Zeitschriftenartikeln" ist, seinen Rezipienten über ein intendiertes Begriffslernen (*i.e.* das Erlernen des Zuordnungskontextes) zu einem intendierten Terminologielernen (*i.e.* das Erlernen der Benennung) im laufenden Text zu bringen. Nicht – so nehme ich an – weil vermutet wird, der intendierte Rezipient kenne diese Termini bereits, sondern weil angenommen wird, dem Rezipienten sei nicht daran gelegen, diese Termini überhaupt erst kennenzulernen. Daraus ergibt sich, dass der Rezipient, wenn er sich entschlossen hat, sich popularisierenden Darstellungen komplizierter Sachverhalte zuzuwenden, auch nicht erwartet, in diesen Darstellungen durch „schwierige" Fach-Wörter und Fach-Wendungen terminologisch herausgefordert zu werden. Eine Widerspiegelung der Neigung, Termini in dieser Textsorte nach Möglichkeit zu vermeiden – und somit auch auf Terminologisierungen im laufenden Text zu verzichten –, sehe ich darin, dass Termini, wenn sie doch als Kondensate in einer Kondensations-Erscheinung vorkommen, in 50 % der Fälle durch eine Markierung hervorgehoben sind:

(6) explosive Strahlungsausbrüche auf der Sonne, in der Fachsprache „Flares" genannt [Beleg (Schlegel 45;II)]

80 Vgl. die Beschreibung der Teilkorpora (Kap. 4.2.1).

und:

(7) Diese energiereichen Teilchen dringen hauptsächlich in polaren Gebieten in die Erdatmosphäre ein und verursachen damit ähnliche Störungen wie die Röntgenstrahlung (den sogenannten polaren Blackout) [Beleg (Schlegel 45;II)]

In analytischer Aufbereitung:

[explosive Strahlungsausbrüche auf der Sonne] ^{Definiens} → [in der Fachsprache genannt +„“] ^{Definitor} → [Flares] ^{Definiendum}

und:

[Diese energiereichen Teilchen dringen hauptsächlich in polaren Gebieten in die Erdatmosphäre ein und verursachen damit ähnliche Störungen wie die Röntgenstrahlung] ^{Definiens} → [(), den sogenannten] ^{Definitor} → [polaren Blackout] ^{Definiendum}

Im Beispiel (6) ist das Signal der Fachsprachlichkeit offensichtlich, im Beispiel (7) wird sie durch das Signal **den sogenannten** indirekt zum Ausdruck gebracht. Im Vergleich zur sprachlich fixierten reinen Benennungsfunktion (vgl. die Beispiele 4 und 5) ist der Signalwert jedoch ein anderer. Denn wo die Benennungsfunktion lediglich feststellenden Charakter des Typs „X nennt man Y“ hat, ist eine Konstruktion des Typs „X der sogenannte Y“ (und somit die Wahl eben dieser Konstruktion) dazu da, dem Rezipienten im Voraus zu avisieren, er möge sich jetzt auf einen Terminus gefasst machen. Die Wahl einer Markierung vom Typ „X der sogenannte Y“, die das Fachliche am Terminus eher abtönt bzw. entschärft, soll dem Rezipienten ferner ein zusätzliches Angebot signalisieren, dass er in freier Entscheidung annehmen oder ablehnen kann, denn er hat die Wahl, einen neuen Terminus zu erlernen oder zu überlesen bzw. sofort wieder zu vergessen. Damit haben wir auch eine mögliche Antwort auf die Frage, warum Kondensationen überhaupt in dieser Textsorte vorkommen. Diese ergibt sich zwangsläufig aus der Tatsache, dass Terminologisierungen im laufenden Text in dieser Textsorte weitgehend vermieden werden. Sie können folglich als ein Angebot an den Rezipienten vom Typ ‚Laie' aufgefasst werden, sich Teile eines fachmännischen Lexikons anzueignen.

Zur Erklärung dafür, dass es im Primärkorpus in der Textsorte „Fachzeitschriftenartikel" nur einen Beleg dieses Typus gibt, kann zunächst negativ argumentiert werden, dass es dem Produzenten solcher Texte offenbar nicht darum geht, dass seine Rezipienten über ein intendiertes Begriffslernen (*i.e.* das Erlernen des Zuordnungskontextes) zu einem intendierten Terminologielernen (*i.e.* das Erlernen der Benennung) kommen. Die Annahme liegt auf der Hand, dass der Produzent von einem „Fachzeitschriftenartikel" davon ausgeht, dass sein intendierter Rezipient die Einbringung von Zuordnungskontexten nicht oder kaum nötig hat und diese sogar umgekehrt als redundant oder sogar als lesehemmend ansehen würde. Im Sekundärkorpus sind Kondensationen dieses Typs mit nur vier Belegen ebenso verhältnismäßig schwach vertreten. Ich sehe in den relativ wenigen Belegen einen Nachweis für die Plausibilität dieser Annahme. Diese Annahme wird ebenfalls von der Beschaffenheit von vier der insgesamt nur fünf Belege dieses Typs im gesamten Textkorpus „Fachzeitschriftenartikel" gestützt, da sie deutliche Ähnlichkeiten aufweisen:

(8) die USV leitet im Normalbetrieb die Netzspannung an den Verbraucher weiter und wird erst bei Störungen aktiv (Konditioner) [Beleg (Gilke 70;II)]

Im Vergleich zur explizit formulierten Benennungsfunktion z.B. in der Textsorte „Lehrbuch" (vgl. Beleg 5) und zur Signalisierung der fachsprachlichen Zugehörigkeit in der Textsorte „populärwissenschaftlicher Zeitschriftenartikel" (vgl. Beleg 6) tritt das Kondensat also in 80 % der Belege dieser Textsorte als bloßer, parenthetischer Zusatz auf.

5.2.2 Kondensationen vom Typ: Terminus → Formelzeichen

Eine zahlenmäßig wesentliche Gruppe von Kondensationen wird exemplarisch von diesem Beispiel vertreten:

(9) Bleioxid (PbO_2)
⇓
[Bleioxid] ^{Definiens} → [()] ^{Definitor} → [PbO_2] ^{Definiendum}
[Beleg (Brockhaus 28;I)]

An diesem Beispiel ist ersichtlich, dass der als bekannt vorausgesetzte Terminus **Bleioxid** in sein Formelzeichen **PbO_2** kondensiert wird. Dieses Formelzeichen setzt sich aus Nomenklaturzeichen des Periodensystems der Elemente zusammen. Dabei versteht DIN unter Nomenklatur:

> „Nomenklatur ist die in einigen Fachgebieten eingeführte Benennung für eine systematisch geordnete Menge von Begriffen und ihre eindeutigen Bezeichnungen. Anmerkung: Die Besonderheit der Nomenklatur ist ihre relative Begrenzbarkeit, Überschaubarkeit und Lückenlosigkeit; der Nomenklatur liegt ein besonders streng strukturiertes Begriffssystem zugrunde." (DIN 2342 1986:7)

Nomenklaturen – und damit der Bestand und die Beschaffenheit von Nomenklaturzeichen – werden zu einem bestimmten Zeitpunkt bewusst erstellt und können zu einem anderen Zeitpunkt durch Erkenntniszuwachs erweitert, neu definiert oder obsolet gemacht werden. Die Annahme scheint damit gerechtfertigt, dass die Nomenklatur – wie Gläser feststellt – „[…] nur eine Sonderform der Terminologie […]" (1996: 72)[81] darstellt. Während jedoch der Terminus meist von Elementen (Graphemen, Morphemen, Lexemen) einer natürlichen Sprache konstituiert wird, setzt sich das Formelzeichen aus Elementen eines geschaffenen, fachlich gebundenen Zeichensystems zusammen. Interessant ist an den Kondensationen dieses Typs, dass sie im Primärkorpus nur in den Textsorten „Lehrbuch", „populärwissenschaftlicher Zeitschriftenartikel" und „Lexikon" vorkommen; in dem Testkorpus kommt der Typus sogar nur im „Lehrbuch" vor. Das „Lehrbuch" verzeichnet so mit einem Anteil von rund 71 % der Belege den größten Anteil dieser Kondensationen, das „Lexikon" weist etwa 16 % auf, während das Vorkommen im „populärwissenschaftlichen Artikel" rund 13 % ausmacht.

Die Erklärung einerseits für das gänzliche Fehlen dieser Kondensationen im „Fachzeitschriftenartikel" sowie für die Häufung im „Lehrbuch" andererseits sehe ich als ein weiteres Indiz für die Plausibilität der These, dass die Kondensation im laufenden Text eine Benennungsfunktion innehat (vgl. Kap.

81 Diese Auffassung vom Verhältnis zwischen Terminologie und Nomenklatur wird auch von Felber/Budin (1989: 119ff.) implizit und von Arntz/Picht (1989: 41) explizit getragen. Für weiterführende Diskussionen zu diesem Thema, auf die diese Arbeit verzichtet, vgl. z.B. das Sammelwerk von Morgenroth (Hrsg.) (1996).

5.1). Das „Lehrbuch" stellt seinem Rezipienten zusätzlich zum Terminus **Bleioxid** dessen Formelzeichen aus Nomenklaturzeichen des Periodensystems der Elemente **PbO_2** zur Verfügung. Während also in dem vorher besprochenen Typus (Kap. 5.2.1) ein Terminus über seinen Zuordnungskontext gelernt werden soll (intendiertes Benennungslernen über intendiertes Begriffslernen), soll hier offenbar ein Formelzeichen über einen Terminus gelernt werden: **Bleioxid** *nennt man* **PbO_2**. Von diesem Typ gibt es im Primärkorpus insgesamt 70 Belege. Davon entsprechen 69 materiell dem Aufbauprinzip des obigen Beispiels 9, insofern, als das Expandat auch in diesen Belegen durch einen Terminus und das Kondensat durch Formelzeichen des Periodensystems vertreten ist. Es scheint also, dass ich aufgrund der Analysen an einen Punkt geraten bin, an dem ich die eigene These – dass nicht die Sache (in diesem Falle die Elektrochemie), sondern die Textsorte den Einsatz von Kondensationen determiniert – wohl nuancieren sollte. Es sieht ja so aus, als gäbe die Elektrochemie besonderen Anlass zum Einsatz von Kondensationen dieses Typs, zumal das ‚Kommunizieren über' des Primärkorpus ausschließlich die „Elektrochemie" ist. Wenn dem aber so wäre, dann dürften Kondensationen dieses Typs eigentlich in dem Testkorpus nicht auftreten, da seine Texte und Teiltexte aus ganz anderen Fachgebieten stammen (Kap. 4.2.1). Aus dem Vergleich mit dem Testkorpus wird jedoch ersichtlich, dass auch darin Kondensationen dieses Typs vorkommen, und zwar ausschließlich in der Textsorte „Lehrbuch". Dieser Vergleich gibt mir nun Anlass dazu, doch und sogar empirisch verstärkt vorzuführen, dass Kondensationstypen an sich nicht von der Sache her determiniert werden, wobei jedoch das Material des Kondensats dieses Typs in hohem Maße von der Sache her determiniert werden kann. Hätte ich so für das Primärkorpus ein Fachgebiet gewählt, das überhaupt nichts mit „elektrochemischen Stromquellen" – und somit nichts mit „Chemie" im weiteren Sinne – zu tun gehabt hätte, etwa Computer-Hardware o.ä., dann wäre ich mit großer Wahrscheinlichkeit keinem Formelzeichen aus dem Periodensystem begegnet.

Dass das „Lexikon" mit etwa 16 % der Befunde im Primärkorpus die zweitgrößte Anzahl nach dem „Lehrbuch" einnimmt, darf auch nicht verwundern, wenn man sein inhärentes didaktisches Potential[82] als Nachschlagewerk bedenkt. Man muss dabei berücksichtigen, dass es zahlreiche und sehr verschie-

82 Explizit bei Hausmann formuliert als „[...] Wörterbücher sind immer didaktisch [...]" (Hausmann 1985:121).

dene Benutzer ansprechen soll, deren einzige Gemeinsamkeit in einem Wissensdefizit besteht. So ist es durchaus denkbar, dass für einen konkreten Lexikonbenutzer der kondensatorische Zusatz **$PbSO_4$** im Beispiel

(10) Bleisulfat ($PbSO_4$) [Beleg (Brockhaus 28;I)]

überflüssig, uninteressant oder aber genau das ist, wonach er gesucht hat.

Wenn also die Textproduzenten von Lexikonartikeln Kondensationen dieses Typs verhältnismäßig häufig einsetzen, dann weil sie damit möglichst einer Vielzahl von Benutzern, die aus einer Vielzahl von Gründen das Nachschlagewerk konsultieren, entgegenkommen wollen.

Anschließend liegt mit ca. 13 % der Befunde an dritter Stelle der „populärwissenschaftliche Zeitschriftenartikel". Im Zuge obiger Argumentation scheint es dem Produzenten dieser Texte nicht vorrangig um das intendierte Erlernen von Formelzeichen zu gehen. Indem ich mich auf das vorhergehende Kapitel 5.2.1 beziehe, wird an dieser Stelle allmählich die Tendenz ersichtlich, dass es dem Produzenten von „populärwissenschaftlichen Zeitschriftenartikeln" insgesamt weniger um die Kondensation und somit um deren Benennungsfunktion geht. Dem Autor populärwissenschaftlicher Artikel – so die Annahme – geht es letzten Endes um eine (popularisierende) Vermittlung von Wissen, aber nicht darum, seinem Rezipienten im Nachhinein Fragen zum behandelten Thema zu stellen – wie es in einer Lehreinrichtung nach Rezeption eines „Lehrbuchs" üblicherweise der Fall ist, wenn der Rezipient geprüft wird. Ein solches, der Rezeption des „populärwissenschaftlichen Artikels" zeitlich nachgestelltes Prüfen, gibt es üblicherweise nicht. Umgekehrt ist es vielmehr so, dass der Rezipient eines „populärwissenschaftlichen Artikels" mittels Leserbriefen, Rückfragen etc. gleichsam das Wissen des Autors „prüfen" kann, wenn ihm die Darstellung eines Sachverhaltes nicht völlig klar geworden und folglich nicht adressatengerecht kommuniziert worden ist.

Aus der Tatsache, dass der Kondensationstypus Terminus → Formelzeichen im „Fachzeitschriftenartikel" im Gesamtkorpus nicht vertreten ist, entnehme ich, dass der Produzent solcher Texte es offenbar nicht für notwendig hält, seinen Rezipienten davon in Kenntnis zu setzen, dass z.B. **Bleioxid** auch **PbO_2** genannt wird, zumal ein solches Wissen wahrscheinlich schon zum Vor- oder Fachwissen dieses Rezipienten gehört; schließlich müsste der Rezipient ‚Fachmann' Lehrbücher rezipiert haben, in denen ihm dieses Wissen vermittelt worden ist. Eine mögliche weitere Erklärung ist die, dass der Produzent von „Fachzeitschriftenartikeln" in seinen Texten ein weitaus spezifischeres fachliches Problem behandelt, als es im „Lehrbuch" (also erst recht im „Lexikon" und im „populärwissenschaftlichen Zeitschriftenartikel") der Fall ist. Das würde erfordern, dass auch der Rezipient für die Rezeption über ein weitaus spezifischeres Fach- oder Vorwissen verfügen muss, wobei der Spezifikationsgrad des Textes die Einbringung von – z.B. chemischen – Formelzeichen überflüssig machen kann, da sie womöglich einen anderen Spezifikationsgrad desselben fachlichen Problems repräsentieren. In Zusammenhang damit steht zudem die Tatsache, dass die Gruppe derer, die sich ein spezifisches Fachwissen angeeignet haben, in Bezug auf eben diese Wissensgemeinschaft eine weitaus homogenere Gruppe darstellen, als dies z.B. für die Gruppe von Lexikonbenutzern gilt, weshalb der Autor von „Fachzeitschriftenartikeln" seine intendierte Rezipientengruppe weitaus gezielter ansprechen kann. Ein gezieltes Ansprechen kann also auch dazu beitragen, dass es nicht nötig und deshalb auch nicht intendiert ist, Kondensationen in den laufenden Text einzubringen.

5.2.2.1 Zweistufige Kondensationen

Als eine Kombination obiger Typen kann folgender Untertypus angesehen werden, der aus der Textsorte „Lehrbuch" des Testkorpus stammt:

(11) Die Einheit des Winkels ist der Grad (°)
[Beleg (Fachkunde Metall 7;II)]

Analytisch aufbereitet sieht das Beispiel so aus:

[Die Einheit des Winkels]$^{\text{Definiens a}}$ → [ist]$^{\text{Definitor a}}$ → [der Grad]$^{\text{Definiendum a / Definiens b}}$ → [()]$^{\text{Definitor b}}$ → [°]$^{\text{Definiendum b}}$

Interessant ist dieser Typus weniger wegen der Häufigkeit seines Vorkommens, denn es gibt nur das eine Beispiel in meinem Korpus. Was den Typus interessant macht, ist die Tatsache, dass er im laufenden Text eine zweistufige Kondensation vom Typ Zuordnungskontext → Terminus → Formelzeichen darstellt. Dass ausgerechnet in der Textsorte „Lehrbuch“ eine Kondensation im laufenden Text über zwei Stufen bis zu ihrem kondensatorischen Endpunkt verfolgt werden kann, ist nicht verwunderlich, da beide Stufen – jede für sich – im „Lehrbuch“ stark vertreten sind (vgl. die vorhergehenden Diskussionen). Bemerkenswert ist dieser Typus auch, weil er dem Produzenten ausgehend von einer einzigen Kondensation erlaubt, nicht nur das Kondensat der ersten Kondensation, den Terminus, im textuellen Nachhinein nach Belieben als Platzhalter (vgl. Kap. 3.3.1 und 5.3) einzusetzen, sondern auch das Kondensat der zweiten Kondensation dafür zu nutzen. Gleichzeitig intendiert der Produzent, dass sich der Rezipient – in diesem Falle ein Lerner – mit dem Inventar von Formelzeichen seines Faches *in spe* vertraut macht, indem er sozusagen an der Hand genommen und dorthin geführt wird.

5.3 Exkurs: Kondensat als wiederaufnehmendes Element

An dieser Stelle möchte ich noch eine Art des Kondensierens im laufenden Text erwähnen, die zwar außerhalb des Rahmens dieser Arbeit liegt, dafür aber eine vielversprechende Anschlussfrage an diese bietet. Ausgangspunkt ist eine Kondensations-Erscheinung vom schon besprochenen Typ Zuordnungskontext → Terminus:

(12) Regionen, die dunkler und noch kühler als ihre Umgebung sind – die charakteristischen Sonnenflecken [Beleg (Kayser 3;II)]

Wenn das Kondensat **Sonnenflecken** aus dieser Kondensation im textuellen Nachhinein wiederaufgenommen wird, dann spreche ich vom Kondensat als wiederaufnehmendem Element:

(13) … während der „Kleinen Eiszeit“ zwischen 1645 bis 1715 fast keine Sonnenflecken zu sehen. [Beleg (Kayser 3;II)]

Dieses wiederaufgenommene Kondensat kann entweder alleine auftreten – wie im Beispiel 13 –, oder als Komponente in eine neue sprachliche Konstruktion eingehen, z.B.:

(14) Fleckenzyklus [Beleg (Kayser 3;II)]

(15) Fleckenaktivität [Beleg (Kayser 3;II)]

usw. In den Beispielen 14 und 15 trägt das Determinandum der Determinans-Determinandum-Struktur des ursprünglichen Kondensats (12) vom Typ Determinativkompositum wesentlich dazu bei, dass im laufenden Text kompilatorisch neue Begriffe gebildet und eingeführt werden können. Auch hat das wiederaufgenommene Kondensat natürlich wesentlichen Anteil daran, dass der Text nicht unnötig aufgebläht wird. Mit anderen Worten: Diese Art des Kondensierens erlaubt es dem Produzenten sehr ökonomisch (vgl. Kap. 3.3.1) mit den sprachlichen Mitteln umzugehen, die er für das Erreichen seiner kommunikativen Ziele einsetzt. Je größer das Expandat im Verhältnis zu seinem Kondensat ist, desto größer ist der sprach-ökonomische Gewinn beim Einsatz von Kondensaten dieses Typs als wiederaufnehmenden Elementen. Eine solche kondensatorische Entwicklung vom Zuordnungskontext (im Beispiel unten eine terminologische Definition) über den Terminus bis zum kondensatorischen Endpunkt, der Kurzform, lässt sich am bereits bekannten Beispiel „Meter“ übersichtlich zeigen:

Definition	Benennung	Kurzform
Die Basiseinheit 1 Meter ist das 1 650 763,73-fache der Wellenlänge der von Atomen des Nuklids ^{86}Kr beim Übergang vom Zustand $5d_5$ zum Zustand $2p_{10}$ ausgesandten, sich im Vakuum ausbreitenden Strahlung (In Anlehnung Paland (1979: 7) erstellt)	Meter	m

Tab. 5-1

Dabei muss man aber bedenken, dass das, was von der Perspektive des Produzenten her gesehen als ökonomisch gilt, von der Rezipientenperspektive her betrachtet nicht unbedingt ebenso ökonomisch ist. Bei der Kurzform **m** dürften wohl die wenigsten Rezipienten Schwierigkeiten haben, sich auf **Meter** und die dahinterstehende Definition zu beziehen[83], bei anderen weniger geläufigen

83 Bzw. man weiß schon, was ein Meter ist.

Kurzformen mag das nicht immer der Fall sein. Wenn aber der Produzent – wie es oben der Fall ist – das Kondensat erst in einer Kondensation einführt und danach dieses als wiederaufnehmendes Element verwendet, so kann der Produzent mit Recht behaupten, dem Rezipienten ausreichende Informationen zur Verfügung gestellt zu haben.

In Bezug auf diese ‚wiederaufnehmende Kondensation' sind zwei Forschungsperspektiven anzugeben: Erstens die Behandlung des Kondensats unter Berücksichtigung seiner Rolle bei der „Wortneubildung im Text". Im Sinne von Matussek ist dann die Rede von Wortneubildung im Text, wenn „[a]us der Kombination bekannter Sprachzeichen [...] neue (Text-)Bedeutung geschaffen" [wird] (1994: 33). Wenn so ein Kondensat, das selbst in einer Kondensation in den Text eingeführt worden ist – wobei es also vorher unbekannt[84] war –, im weiteren Text wiederaufgenommen wird und so zu Neubildungen beiträgt, dann kann danach gefragt werden, ob eine Kondensation im Text sozusagen einen informationellen Nukleus (bzw. eine Informations-Entropie) bildet, auf den (bzw. die) sich Teiltext(e) und sogar Text(e) beziehen. Zweitens ist in dieser Verbindung die Arbeit zu den Textfunktionen von Wortbildungskonstruktionen von Dederding (1982 besonders 32ff.) von Interesse; ich denke hier besonders an den Beitrag, den das Kondensat zur Textverflechtung leisten kann. Eine textverflechtende Funktion des Kondensats – bzw. seines Determinandums – ist bereits in der Auflistung der Beispiele 12 bis 15 implizit gezeigt worden, denn diese folgt der Linearität des Textes. Vgl.:

(12) Regionen, die dunkler und noch kühler als ihre Umgebung sind – die charakteristischen Sonnenflecken [Beleg (Kayser 3;II)]

(13) ... während der „Kleinen Eiszeit" zwischen 1645 bis 1715 fast keine Sonnenflecken zu sehen ... [Beleg (Kayser 3;II)]

(14) Fleckenzyklus [Beleg (Kayser 3;II)]

(15) Fleckenaktivität [Beleg (Kayser 3;II)]

84 Bzw. vom Produzenten als seinem Rezipienten unbekannt vorausgesetzt.

5.4 Analyseinstrumentarium zur Expansion im laufenden Text

Die Annahme eines korrelativen Verhältnisses zwischen Kondensation und Expansion (vgl. besonders die Argumentation in Kap. 3.1) lässt den Schluss zu, dass sich die Ausführungen zur Expansion im laufenden Text als das Spiegelbild der Kondensation im laufenden Text (Kap. 5.1) realisieren. In Anlehnung an Kalverkämper verstehe ich unter Expansion im laufenden Text zunächst folgende Relation:

> „Die [...] Determination (semantische Klärung) verläuft in Rückwärtsrichtung, gegenläufig zur fortschreitenden Linearität [...]"
> (Kalverkämper 1987: 42)

Graphisch veranschaulicht Kalverkämper die „[...] Expansion (‚Entfaltung', ‚Ausbreitung') des vorausgenannten ‚bündelnden', ‚kompakten' Terminus [...]" so:

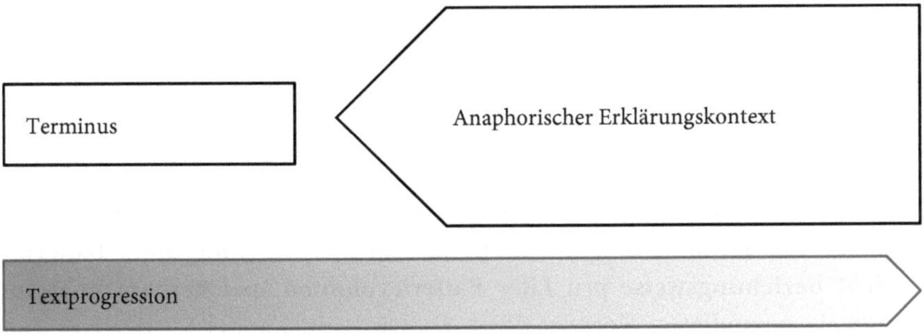

Abb. 5-6 – erstellt in Anlehnung an Kalverkämper (1987: 43)

Bei dieser Illustration wird nochmals ersichtlich, dass die jeweilige Position des Zuordnungskontextes im Verhältnis zum Terminus den Operator für die Zuschreibung ‚kondensiert' oder ‚expandiert' darstellt. Wo der Zuordnungskontext bei der prozeduralen Kondensation in der Linearität des Textes vor dem Terminus steht, ist er bei der Expansion dem Terminus nachgestellt. So expandiert in diesem Falle der Textproduzent den Terminus im laufenden Text auf seinen Zuordnungskontext, während – bei umgekehrter Reihenfolge – der Zuordnungskontext in den Terminus hinein kondensiert worden wäre. Außer der Festlegung der Reihenfolge (Terminus → Zuordnungskontext) kann der Graphik ebenso entnommen werden, dass in der Linearität des Textes eine kleinere sprachliche Größe, Kondensat, (*i.e.* Terminus) auf eine umfangreichere sprachliche Größe, Expandat, (*i.e.* Erklärungskontext[85] oder Zuordnungskontext) expandiert wird.[86] In Abhängigkeit vom Perspektivenwechsel von der Kondensation hin zur Expansion vollzieht sich ebenso eine Umkehrung von der onomasiologischen Operation des Kondensierens hin zur semasiologischen Operation des Expandierens. Als eine semasiologische Operation im laufenden Text ist die Expansion einzustufen, weil der Terminus als Zeichenausdruck für den Zuordnungskontext fungiert, der wiederum seinerseits als Zeicheninhalt für den Terminus fungiert. (Der Terminus kann mit anderen Worten für den Zuordnungskontext stehen, wobei sich der Zuordnungskontext vom Terminus vertreten lässt.) Ferner kann die Expansion als eine semasiologische Operation im laufendenden Text[87] festgelegt werden, weil der Rezipient in der Linearität des Textes zunächst einem Terminus, einem ‚Ausdruck' begegnet, für den er im Nachhinein einen Zuordnungskontext, einen entsprechenden ‚Inhalt', vom Textproduzenten zur Verfügung gestellt bekommt. Ich erläutere dies an einem Beispiel aus meinem Korpus:

(18) Die Energiedichte, also die pro Kilogramm Batteriegewicht beziehungsweise pro Liter Batterievolumen speicherbare Energiemenge [Beleg (Dustmann 97;I)]

Hier lässt sich nun ein aktuelles semiotisches Verhältnis zeigen, in dem **Energiedichte** als Terminus fungiert, während **also die pro Kilogramm Batteriegewicht beziehungsweise pro Liter Batterievolumen speicherbare Energiemenge** als expandiertes Korrelat dient. So, wie es in Kapitel 5.1 der Fall war, kann auch bei dieser Expansion davon gesprochen werden, dass der Zeichencharakter der Expansion im laufenden Text (*parole*) zum Ausdruck gebracht wird, was sich durch folgende Graphik illustrieren lässt:

85 Eine Besprechung der Ausdrücke „Erklärungs-" und „Zuordnungskontext" ist dem Kap. 5.1 zu entnehmen.

86 Dass Kalverkämper in Bezug auf den „Erklärungskontext" explizit von „Determination" und „semantischer Klärung" spricht, geht übrigens einher mit der Besprechung von Kalverkämpers Vorlage in Kap. 5.1, bei welcher gezeigt wurde, dass sein „Erklärungskontext" nicht in jedem Falle einem Expandat gleich ist.

87 Henne spricht in diesem Sinne von syntagmatischer Bedeutungserklärung – im Gegensatz zur paradigmatischen Bedeutungserklärung im Lexikon (Henne 1976:102ff).

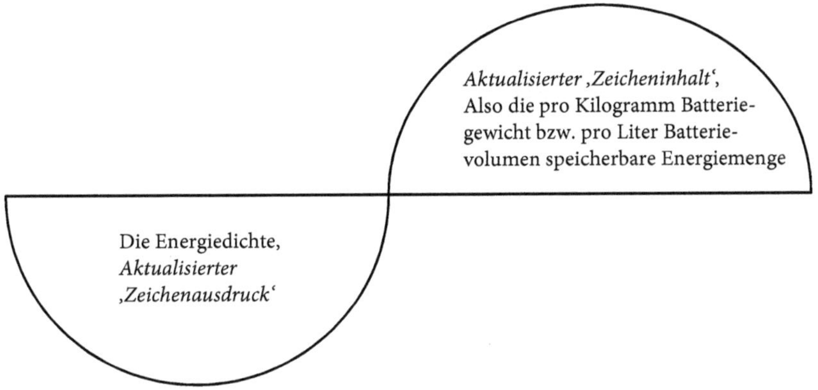

[Beleg (Dustmann 97;I)]

Abb. 5-7

In der Linearität des Textes begegnet der Rezipient somit zunächst einem ‚Zeichenausdruck', für den er – so die Erwartung des Textproduzenten – den ‚Zeicheninhalt' nicht kennt (hätte nämlich der Produzent vom Rezipienten erwartet, jener kenne den ‚Inhalt', ergäbe es – zumindest sprachökonomisch – kaum einen Sinn, ihn explizit beizufügen bzw. nachzustellen). Den Einsatz solcher semasiologischen Operationen (und somit die Reihung der die Expansion konstituierenden Größen: Terminus → Zuordnungskontext) verstehe ich als Zeugnis der Intention/der Textstrategie, dass der Produzent seinem Rezipienten (Fach-)Ausdrücke im laufenden Text erklären möchte. Durch die semasiologische Betrachtungsweise wird ein wesentliches Merkmal der prozeduralen Expansion deutlich, und zwar ihre Erklärungsfunktion nach dem Muster:

(18[a]) Die Energiedichte [*bedeutet*] die pro Kilogramm Batteriegewicht beziehungsweise pro Liter Batterievolumen speicherbare Energiemenge [Beleg (Dustmann 97;I)]

Ein Beispiel dafür, dass die Erklärungsfunktion auch explizit sprachlich im Text verankert sein kann, ist:

(19) *Gute Leistungsaufnahme* bedeutet eine möglichst verlustfreie Stromaufnahme an gegebener Ladespannung und schnelle Wiederaufladung [Beleg (Krieg 74;I)]

Mit dem (Erklärungs-)Muster Definiendum → Definitor → Definiens ist dem Analyseinstrumentarium gleichzeitig eine Verifikations- bzw. Falsifikationsprobe angeschlossen worden, die dafür sorgt, dass nur prozedurale Expansionen in die Belegsammlung eingehen. Denn – wie ich es für Kondensation im laufenden Text angeführt habe – die beiden die Relation Expansion bildenden Größen können mit dem Einsatz des Operators ‚Definitor' jetzt auf ihre paradigmatische Substituierbarkeit (Kap. 3.1) hin geprüft werden, da der Definitor für die gegenseitige Stellvertreterfunktion dieser Größen bürgt. In den Fällen, in denen die sprachliche Größe, die zum Paradigma des Definiendums gehört, mit der sprachlichen Größe, die zum Paradigma des Definiens gehört, substituiert werden kann, ist das Vorhandensein einer prozeduralen Expansion mit operationalisierbaren Mitteln nachgewiesen. (Wie ich für die prozedurale Kondensation angeführt habe, gilt auch für die prozedurale Expansion, dass die expansionsverdächtigen sprachlichen Größen vor der Substitutionsprobe die übrigen, ihr vorausgehenden Kriterien schon erfüllt haben müssen.)

Zum Zweck der Analyse werden Beispiele semasiologischer Operationen aus dem Korpus extrahiert und in die Belegsammlung überführt, die sich nach dem Muster Definiendum→Definitor→Definiens zusammensetzen. Dieses Muster versteht sich als eine Konkretisierung im Sinne von Versprachlichung der semasiologischen Operation. Die Größen Definiendum, Definitor und Definiens, die ihrer Natur nach funktional festgelegt sind, können im Textverlauf natürlich materiell/formal auf unterschiedliche Art und Weise vertreten werden. Im Zuge des vorher Besprochenen wird das Definiendum von einem oder von mehreren, dem Rezipienten als nicht bekannt vorausgesetzten Termini repräsentiert. Das Definiens dagegen wird durch eine oder mehrere lexikalische Einheiten vertreten, die der Textproduzent als beim Rezipienten bekannt voraussetzt. An der Grenze zwischen den beiden befindet sich der Definitor, der von orthographischen, graphischen oder meta-sprachlichen Instruktionen im Text vertreten wird. Zu den orthographischen Instruktionen zähle ich: runde Klammern, die als Parenthesen fungieren, sowie Kommata, Gedankenstriche o.ä., die eine appositive Ergänzung oder einen Einschub eingrenzen. Als graphische Instruktionen werden Fettdruck, Kursivstellung, Spatium und Pfeile jedweder Art aufgefasst. Metasprachliche Instruktionen sind hier die textkommentierenden Signale, die dem Rezipienten kundgeben, dass er in der Linearität des Textes als Nächstes einen erklärenden Stellvertreter für das eben angeführte Definiendum erwarten darf (etwa: d.h.; nennt/bezeichnet man; diese/r/s).

Am ersten Beispiel dieses Kapitels erläutert, sieht das Analysemuster danach so aus:

> (18^{b}) [Die Energiedichte]^{Definiendum} → [, + also]^{Definitor} → [die pro Kilogramm Batteriegewicht beziehungsweise pro Liter Batterievolumen speicherbare Energiemenge]^{Definiens} [Beleg (Dustmann 97;I)]

Bei der prozeduralen Expansion ist das Definiens dem Definiendum untergeordnet, was sich darin zeigt, dass das Definiens in Form einer Apposition, einer parenthetischen Ergänzung, eines Relativsatzes o.ä. vorkommt. Die operationalisierbare Verifikation/Falsifikation dessen, dass es sich in diesem Fall tatsächlich um eine Expansion handelt, besteht letztendlich in der Substitutionsprobe, wobei

> [Die Energiedichte]^{Definiendum} → [, + also]^{Definitor} → [die pro Kilogramm Batteriegewicht beziehungsweise pro Liter Batterievolumen speicherbare Energiemenge]^{Definiens}

in

> [die pro Kilogramm Batteriegewicht beziehungsweise pro Liter Batterievolumen speicherbare Energiemenge]^{Definiens} → [ist/=]^{Definitor} → [Die Energiedichte]^{Definiendum}

transformiert werden kann, ohne dass behauptet werden könnte, der Definitor sei dabei als Operator ungültig.

In der Umkehrung der Graphik zur Illustration der prozeduralen Kondensation bringe ich die prozedurale Expansion wie folgt zum Ausdruck:

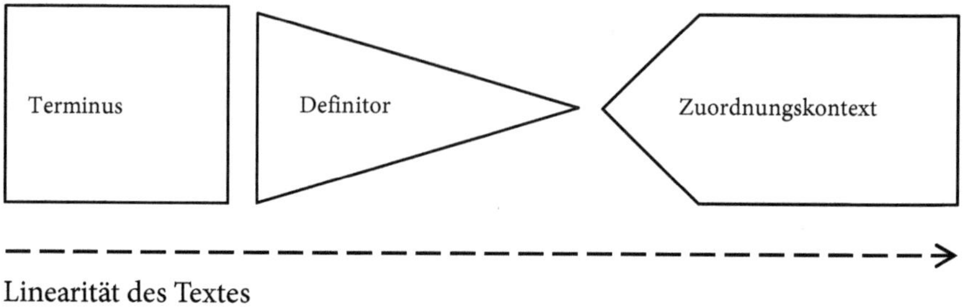

Abb. 5-8

5.4.1 Abgrenzungen

Auch Göpferich geht von der Vorlage Kalverkämpers zur Kondensation/Expansion aus (vgl. Kap. 5.1.1). Obwohl sie auf den Ausdruck Expansion verzichtet und dafür „Definition, Explikation, Präzisierung" einführt, scheint es fragwürdig, ob sie dabei – außer der Neubenennung an sich – etwas gewinnt. Denn – wie es heißt – „[e]ine Unterscheidung zwischen Definitionen und Explikationen einerseits und Präzisierungen andererseits mache ich nicht" (Göpferich 1995: 383), und so erfolgt bei ihr auch keinerlei nähere Festlegung der drei Ausdrücke. Mit der Position des Zuordnungskontextes als alleinigem Operator für die Zuschreibung des Prädikats Expansion kann sie materiell/formal und kommunikativ so verschiedene Expansionen (in ihrem Sinne) wie

a) Indikator (Anzeiger)
b) Robert Doyle (engl. Physiker, 1627–1691)
c) Arbeiten, d.h. Verbrennen des Gemisches mit anschließender Ausdehnung der verbrannten Gase,

nicht unterscheiden (ibid. 384). Dafür aber, dass eine solche Unterscheidung überhaupt und für meine Zwecke besonders von Belang ist, möchte ich im Folgenden einige Argumente anbringen: Es leuchtet nicht unmittelbar ein, wenn Göpferich behauptet, das Lexem **Indikator** werde vom Lexem **Anzeiger** definiert, expliziert oder präzisiert, es sei denn, Göpferich ginge davon aus, dass ‚native' deutsche Lexeme *eo ipso* Lexeme fremder Herkunft definieren, explizieren oder präzisieren. Es sieht so aus, als hätte Göpferich von der Annahme ausgehend, dass es einem Muttersprachler der deutschen Sprache leichter fällt, das ‚native' deutsche Lexem zu verstehen, den Schluss gezogen, dass das deutsche Lexem deshalb das fremde Lexem definieren, explizieren oder präzisieren würde. Problematisch ist dieser Gedanke in Bezug auf Kondensation/Expansion besonders deshalb, weil Göpferich – ihren eigenen Ausführungen folgend – dann konsequenterweise sagen müsste: Stünde nun das ‚native' deutsche Lexem vor dem fremden, etwa **Anzeiger (Indikator)**, dann wäre hier die Rede von einer Kondensation (bzw. von der Einführung eines neuen Terminus; vgl. dazu Kap. 5.1.1). Mit Thurmair (1995: 249) möchte ich das Beispiel a) als einen Ausdruck von Doppelterminologie im Text – einer sogenannten Dublette – sehen, der aus einem von einer anderen Sprache übernommenen Terminus und einem ‚nativen' – so Thurmair – deutschen Terminus besteht. Als terminologische Dubletten entfallen daher aus der Belegsammlung Konstruktionen wie:

(20) Umpolung (Aufladen) [Beleg (Lexikon Elektronik 7;I)]

und

(21) Speichervermögen, auch *Ladekapazität* genannt [Beleg (Brockhaus 17;I)].

Dabei ist es für meine Zwecke ohne Belang, ob das deutsche oder das fremde Lexem in der Linearität des Textes zuerst erscheint.

Zur weiteren Abgrenzung sei bemerkt, dass auch Konstruktionen wie:

(22) elektron. Geräte (z.B. Taschenrechner, Rundfunkgeräte, Blitzlichtgeräte u.a.) [Beleg (Brockhaus 29;I)]

aus der Belegsammlung entfallen. Konstruktionen dieses Typs sind formal keine terminologischen Dubletten – zumal sie aus mehr als zwei Einheiten bestehen –, sie werden aber in dieser Arbeit auch nicht als Expansionen gelten können, weil sie eine taxonomische Relation vom Typ „Oberbegriff → mögliche Unterbegriffe" realisieren.

Im Beispiel b) (weiter oben) kann dagegen keine Rede von doppelter Terminologie sein, zumal dort nur ein Terminus, und zwar **Physiker**, auftritt. Eher scheint es, dass der Autor dem Leser eine Auswahl vermutlich als relevant angesehener Aspekte des Referenten für den Ausdruck **Robert Doyle**, der ohne weiteres als *nomen proprium* erkannt wird, para- oder periphrastisch näherbringen will. Die Konstruktion ist zwar expansionsverdächtig, bei näherer Analyse zeigt sich aber, dass es sich vielmehr um eine Identifizierung des **Robert Doyle** bezüglich Nationalität, Beruf/Ausbildung und Lebensdauer handelt. Für diese Arbeit werden solche Fälle nicht als Expansionen aufgefasst und mitberücksichtigt, zumal das, was gegebenenfalls expandiert würde, kein Terminus ist, sondern ein Eigenname. Im Beispiel c) (oben) dagegen ist die Rede von einem Zuordnungskontext, der einem Terminus nachgestellt wird, wobei sich m.E. in diesem Fall ein Beispiel fachlexikalisch prozeduraler Expansion vollzieht.

5.5 Typologisierung der Belege

In diesem Kapitel sind die Expansionen im laufenden Text, die sich bei der Applizierung des Analyseinstrumentariums auf die Texte und Teiltexte des Korpus ergaben, je nach relevant gesetzter Eigenschaft typologisiert. Wie in Kapitel 5.2 kurz angeführt, kann ab diesem Kapitel die Gegenüberstellung der Befunde bezüglich der Kondensation und der Expansion erfolgen.

5.5.1 Expansionen vom Typ: Terminus → Zuordnungskontext

Als Beispiel dieses Expansionstyps möchte ich folgendes anführen:

(23) Die Energiedichte, also die pro Kilogramm Batteriegewicht beziehungsweise pro Liter Batterievolumen speicherbare Energiemenge
⇓
[Die Energiedichte]^{Definiendum} → [, + also] ^{Definitor} → [die pro Kilogramm Batteriegewicht beziehungsweise pro Liter Batterievolumen speicherbare Energiemenge]^{Definiens} [Beleg (Dustmann 97;I)]

Knapp 75 % der Belege im Primärkorpus sind in der Textsorte „Lexikon“ zu verzeichnen, ca. 14 % in der Textsorte „Lehrbuch“ und schließlich wurden in der Textsorte „populärwissenschaftlicher Zeitschriftenartikel“ ca. 11 % gefunden. Die Textsorte „Fachzeitschriftenartikel“ weist im gesamten Korpus keine Expansionen dieses Typs auf.

Auf einige didaktische Implikationen der Erklärungsfunktion der prozeduralen Expansion (Kap. 5.5) hat schon Beier aufmerksam gemacht, indem er z.B. nachgewiesen hat, dass die Häufigkeit, mit der Definitionen – in der Terminologie dieser Arbeit funktional mit Zuordnungskontexten zu vergleichen – im laufenden Text auftreten, vom (textsortengebundenen) Fachlichkeitsgrad des jeweiligen Fachtextes abhängt (1982: 23). Demzufolge enthalten Lehrbücher und Fachzeitschriften für Laien verhältnismäßig mehr Zuordnungskontexte als Texte eines höheren Fachlichkeitsgrades. Wenn Expansionen also in den Textsorten häufiger vorkommen, die einem Rezipienten etwas erläutern wollen, so ergibt sich eine Erklärung für das sehr häufige Vorkommen von Expansionen dieses Typs in der Textsorte „Lexikon“ geradezu von selbst. Da die Nachschlagewerke, die ich untersucht habe, sämtlich alphabetisch geordnete Makrostrukturen aufweisen (Bergenholtz/Tarp 1994: 240ff.), liegt die jeweilige Zugriffsstruktur von vornherein als eine semasiologische fest. Dabei ist es nicht verwunderlich, wenn in dieser Textsorte verhältnismäßig sogar sehr viele Expansionen zu finden sind.[88] In Übertragung der Annahme Hausmanns, „[…] Wörterbücher sind immer didaktisch […]“ (1985: 121), auf die eigene Annahme, dass Nachschlagewerke insgesamt inhärent didaktisch sind, kann eine semasiologische Zugriffsstruktur (und damit eine realisierte Relation Expansion) in fachlichen Nachschlagewerken übergeordnet als Zeugnis für eine hintergründige, didaktische Intention beim Einsatz von Expansionen gesehen werden. Dass dieser Typus im Primärkorpus mit dem nächsthöchsten Prozentsatz in der Textsorte „Lehrbuch“ vorkommt, ist ebenso auf die didaktisch-strategischen Bemühungen des Produzenten zurückzuführen. Kalverkämper (1996: 143) akzentuiert ein solches Verhältnis als einen Ausweis „[…] der partnerbezogenen, somit adressatengerichteten, also leserantizipierenden ‚Erklärung‘ […]“, die er als bewusste Strategie zur Kommunikationssicherung wertet. Wenn also die Reihenfolge (Terminus → Zuordnungskontext) von Seiten des Textproduzenten als Zeugnis einer Erklärungsstrategie aufgefasst werden kann, so kann man diese Textstrategie damit exemplarisch erläutern, dass die Expansion ein taktisches Einzelverfahren ist, das über ein intendiertes Benennungslernen zu einem intendierten Begriffslernen im laufenden Text führt.

88 Nicht jeder Lexikoneintrag ist aber *eo ipso* einer Expansion gleich. Auch kommen in dieser Textsorte oft Beispiele von Doppelterminologie, Relationen von Typ „Oberbegriff → mögliche Unterbegriffe“ und andere Nicht-Expansionen vor.

Im Verhältnis zur Zahl der entsprechenden Kondensationen im laufenden Text (Kap. 5.2.1) kommt dieser Expansionstypus im Primärkorpus nur etwa halb so oft vor. Im Testkorpus kommen Expansionen dieses Typs in dieser Textsorte jedoch häufiger vor als die entsprechenden Kondensationen. Wenn das Vorkommen von Expansionen dieses Typs im gesamten Korpus also markant stärker ist als das Vorkommen der entsprechenden Kondensationen, dann womöglich deshalb, weil einem Lerner die Relation der Expansion aus seinem Nachschlagen in Enzyklopädien vertrauter ist. Indem ich davon ausgehe, dass der prototypische Rezipient ‚Lerner' mit dem Gebrauch von Nachschlagewerken vertraut ist, kann gleichzeitig eine mögliche Erklärung dafür gegeben werden, dass Expandate aus der Textsorte „Lehrbuch", z.B.:

(24) Elektrolyse ist das Zerlegen eines Stoffes durch Wandern und Entladen von Ionen mit elektrischem Strom. [Beleg (Fachkunde Elektrotechnik 498;I)]

und

(25) Gute Stromaufnahme bedeutet eine möglichst verlustfreie Stromaufnahme an gegebener Ladespannung und schnelle Wiederaufladung [Beleg (Krieg 73;I)],

der lexikographischen Definition sehr ähnlich sind. Der Unterschied zwischen diesen Expansionen und dem lexikographischen Muster (exemplarisch etwa: Lemma + lexikographische Definition) lässt sich – was die Beschaffenheit der Definition angeht – häufig auf das Vorhandensein oder Nicht-Vorhandensein eines sprachlich explizit fixierten Definitors (‚ist' bzw. ‚bedeutet') reduzieren. Denn gemäß „lexikographischer Formulierungskonvention" werden solche „[...] Relationsprädikate [...] ausgelassen" (Wolski 1997:7).

Während ich für die entsprechende Kondensation (Kap. 5.21) von einer Terminologisierung im laufenden Text gesprochen habe, möchte ich die Erklärungsfunktion der Expansions-Formen als ein Zeugnis intendierter Begriffsbildung im laufenden Text sehen. Im (alphabetisch geordneten) fachlichen Nachschlagewerk wird seiner Zugriffsstruktur wegen eine semasiologische Operation vom ‚Ausdruck' zum ‚Inhalt' verfolgt, wobei das Ergebnis des Nachschlagens das intendierte Finden/Erlernen von ‚Inhalten', d.h. von sprachlich fixierten Begriffen ist (vgl. Kap. 3.2.1.2). Dagegen wird eine solche semasiologische Operation im „Lehrbuch" mit Hilfe einer Expansion explizit formuliert. Da Expansionen also intendierte Begriffsbildungen im laufenden Text verkörpern, ist es nicht verwunderlich, wenn Expansionen in der Textsorte „populärwissenschaftlicher Zeitschriftenartikel" weitaus häufiger vorkommen als Kondensationen (Kap. 5.2.1). Denn da weder für den Produzenten noch für den Rezipienten von Texten dieser Textsorte die Terminologisierung im laufenden Text (ebenda) im Vordergrund steht, kann jetzt angenommen werden, dass es dem Produzenten von Texten dieser Textsorte um intendierte Begriffsbildung im laufenden Text, dem Rezipienten wiederum um intendiertes Begriffslernen geht.

Bemerkenswert ist ferner, dass die Expansionen in dieser Textsorte oft um eine Komponente erweitert werden; und zwar um eine Komponente, die ich als eine Ausprägung der Intention des Produzenten, Verständnissicherung im laufenden Text zu gewährleisten, ansehe. Zur Erklärung soll das folgende Beispiel herangezogen werden:

(26) die sogenannte Korona der Sonne. Diese dünne Gashülle erstreckt sich viele Millionen Kilometer in den kalten Weltraum und ist mit rund zwei Millionen Grad etwa zweihundertmal heißer als die Oberfläche der Sonne [Beleg (Kayser 1;II)]

Analytisch aufbereitet sieht das Beispiel so aus:

[die sogenannte Korona der Sonne]^{Definiendum} $\rightarrow$ [diese]^{Definitor} $\rightarrow$ [[dünne Gashülle] $^{\text{Informationsblock 1}}$ [erstreckt sich viele Millionen Kilometer in den kalten Weltraum] $^{\text{Informationsblock 2}}$ [ist mit rund zwei Millionen Grad etwa zweihundertmal heißer als die Oberfläche der Sonne]$^{\text{Informationsblock 3}}$] ^{Definiens}.

Das Interessante daran ist weniger, dass das Definiendum von einem Mehrwortterminus vertreten wird und der Definitor von einer meta-kommunikativen Instruktion in Form von **diese**. Das Interessante ist vielmehr, dass das Definiens sich grob in drei Informationsblöcke mit z.T. sehr unterschiedlichen Aufgaben im Text aufgliedern lässt. Im ersten Block werden physikalische Angaben zum Material geboten, im zweiten physikalische Angaben zum Volumen und im dritten schließlich physikalische Angaben zur Temperatur.

Dieser letzte Block aber bietet dem Rezipienten gleichzeitig einen Vergleich an: **zweihundertmal heißer als die Oberfläche der Sonne**. Wenn vielleicht nicht jeder Rezipient weiß, was er mit diesen drei physikalischen Angaben anfangen soll, so darf doch vorausgesetzt werden, dass fast jeder Mensch weiß, dass die Sonne sehr heiß ist; und wenn dann diese **Korona** zweihundertmal heißer ist als die Sonne, dann wird diese Temperatur zu einer (scheinbar) erfahrbaren Größe. Mit anderen Worten: Es wird im Zusatz zu den eher neutralen, faktengebundenen Informationen des Zuordnungskontextes ein entscheidendes ‚Mehr' an Informationen geboten, indem der Rezipient vom Produzenten sozusagen gezwungen wird, auf einen (angenommenen) vertrauten Wissensblock (‚die Sonne ist heiß') zurückzugreifen, damit er sich das volle Ausmaß der Hitze der Korona vorstellen kann (‚die Korona ist aber zweihundertmal heißer').

Eine verständnissichernde Aufbereitung erfahren m.E. auch Expansionen, denen illustrative Beispiele unmittelbar nachgestellt werden, wie:

(27) Ein Batterie-Kennwert ist die Spannung einer einzelnen Zelle, die nur eine negative und eine positive Elektrode enthält; sie beträgt beispielsweise beim Blei-Akkumulator etwa zwei Volt. [Beleg (Hambitzer/Dreher 103;I)]

Wie es bei verhältnismäßig vielen Kondensationen dieser Textsorte der Fall war (Kap. 5.2.1), kommen auch bei den Expansionen Markierungen des Fachlichen öfter vor, und zwar ausschließlich in den Textsorten „populärwissenschaftlicher Zeitschriftenartikel" und „Lexikon", wobei jedoch zu bemerken ist, dass die Textsorte „Lexikon" nur ein Beispiel aufweist.[89] Während bei Kondensationen dem Rezipienten mit einem dem Kondensat vorangestellten Signal mitgeteilt wird, dass ‚jetzt ein Terminus kommt', kann bei Expansionen mit einem solchen Signal als Definitor dem Rezipienten signalisiert werden: ‚Du hast zwar soeben einen Terminus gelesen, seine Erklärung/Bedeutung folgt aber sofort'. Vgl.:

(28) die Kapazität, also die entnehm- oder ladbare Strommenge [Beleg (Hambitzer/Dreher 103;I)]

89 Und zwar das Beispiel am Anfang dieses Kapitels.

Wenn ich den Terminus als Platzhalter (Kap. 3.3.1) auffasse, d.h. dass der Terminus weder in eine aktuelle Kondensation noch in eine aktuelle Expansion integriert ist, und ihn damit als Ausweis eines hohen Fachlichkeitsgrades ansehe, dann liegt der Schluss nahe, dass mit dem Einsatz von Signalen dieser Art in den Texten der Textsorte „populärwissenschaftlicher Zeitschriftenartikel" eine Abtönung des Fachlichen insgesamt bewusst verfolgt wird. Als tendenziell ebenso typisch kann die Tatsache angesehen werden, dass eine Abtönung des Fachlichen im „Lehrbuch" weder bei den Kondensationen noch bei den Expansionen üblich ist (vgl. **ist** bzw. **bedeuten** in den Beispielen 24 und 25, die reinen feststellenden Charakter haben).

5.5.1.1 Expansionen vom Typ: Terminus → Zuordnungskontext mit postponierter Kondensation

Nachdem Kondensationen und Expansionen jeweils in ihrer reinen Form untersucht worden sind, bleibt ein Rest zurück, der die beiden Relationen in sich verkörpert. Er wird als Expansion im Textverlauf behandelt (und statistisch zu dieser gerechnet), da er von einer Expansion eingeleitet wird. Dieser kombinatorische Untertypus kommt im Gesamtkorpus ausschließlich in den Textsorten „Lexikon" und „Lehrbuch" vor, was nicht verwunderlich ist, da diese beiden Textsorten auch die meisten Kondensationen und Expansionen in reiner Form aufweisen. Als Beispiel aus der Textsorte „Lehrbuch" dient folgende Konstruktion:

(29) Kalilauge, d.h. eine wäßrige Lösung von Kaliumhydroxid (KOH) [Beleg (Fachkunde Elektrotechnik 501;I)]

In der Expansion vom Typ Terminus → Zuordnungskontext wird das Kondensat **Kalilauge** auf das Expandat **eine wäßrige Lösung von Kaliumhydroxid** ausgedehnt. Das letzte lexikalische Element im Expandat ist aber gleichzeitig Teil einer Kondensation vom Typ Terminus → Formelzeichen, bei der es das Expandat darstellt.[90]

90 Zur Integration von Expansion und Kondensation vgl. Kapitel 6.

[Kalilauge] $^{\text{Definiendum a}}$ → [d.h.] $^{\text{Definitor a}}$ →
[eine wäßrige Lösung von Kaliumhydroxid] $^{\text{Definiens a}}$
⇓
[Kaliumhydroxid] $^{\text{Definiens b}}$ → [()] $^{\text{Definitor b}}$ → [KOH] $^{\text{Definiendum b}}$

In der Textsorte „Lexikon“ ist ferner zu erkennen, dass das Kondensat der nachgestellten Kondensation einen weiteren Zweck erfüllt:

(30) Elektrolyt, Stoff, der im geschmolzenen Zustand oder in meist wäßriger Lösung mehr oder weniger vollständig in seine Ionen zerfällt (→ Dissoziation) [Beleg (Brockhaus 14;I)]

In analytischer Aufbereitung:

[Elektrolyt]$^{\text{Definiendum a}}$ → [„]$^{\text{Definitor a}}$ → [Stoff, der im geschmolzenen Zustand oder in meist wäßriger Lösung mehr oder weniger vollständig in seine Ionen zerfällt]$^{\text{Definiens a}}$
⇓
[in seine Ionen zerfällt]$^{\text{Definiens b}}$ → [() + →]$^{\text{Definitor b}}$ → [Dissoziation]$^{\text{Definiendum b}}$

Und zwar erfüllt das Kondensat (hier **Dissoziation**) in der Textsorte „Lexikon“ auch die Rolle eines intertextuellen Verweises auf einen weiteren Wörterbuchartikel[91], was in diesem Beispiel durch das dem Kondensat unmittelbar vorangestellte lexikographische Symbol → zum Ausdruck gebracht wird (vgl. Kap. 3.2.2.1.2). Dass die materielle Vertretung dieses Typus in der Textsorte „Lexikon“ in sämtlichen Beispielen der beiden Korpora wie folgt verläuft: Terminus ^{a} auf Zuordnungskontext $^{a/b}$ in Terminus ^{b}, erklärt sich nun aus der Doppelrolle des letzten Kondensats. Denn als Lemma eines Nachschlagewerkes mit alphabetischer Makrostruktur – und um solche geht es in meinem Korpus – wäre es nicht immer zweckmäßig und auch nicht immer machbar, Lemmata in Form von Formelzeichen darzustellen.

91 Diesen Verweis sehe ich als ein Angebot an den Rezipienten, dass er sich weitere Expandate aneignen kann.

5.5.1.2 Expansionen vom Typ: Terminus → Zuordnungskontext mit integrierter Kondensation

Ein weiterer kombinatorischer Untertypus, für den es im Gesamtkorpus drei Belege gibt ist nicht nur wegen seines relativ seltenen Vorkommens auffällig, sondern vor allem deshalb, weil er im Gesamtkorpus nur in der Textsorte „Lexikon" auftritt. Bei diesem Typ wird die Kondensation nicht einer Expansion nachgestellt (vgl. oben), sondern die Kondensation ist in die Expansion selbst eingebettet:

(31) *Stahl-Aluminium-Seile* (*Stalu*) sind Verbundleiter mit Stahlseele [...] u. Aluminiummantel [Beleg (Fachlexikon ABC 211;II)][92]

In analytischer Aufbereitung:

[Stahl-Aluminium-Seile] $^{\text{Definiendum a}}$ → [sind] $^{\text{Definitor a}}$ → [Verbundleiter mit Stahlseele u. Aluminiummantel] $^{\text{Definiens a}}$
⇓
[Stahl-Aluminium-Seile] $^{\text{Definiens b}}$ → [() + Kursivstellung] $^{\text{Defintior b}}$ → [Stalu] $^{\text{Definiendum b}}$

Aus der Analyse geht hervor, dass in die Expansion vom Typ Terminus → Zuordnungskontext eine Kondensation vom Typ Vollform → Kurzform eingebettet ist. Das Beispiel aus dem Primärkorpus expliziert sogar – mittels **kurz** – die eingebettete Kondensation:

(32) Akkumulator, [...], kurz *Akku*, [...], die technische Ausführungsform eines Sekundärelements, eine Vorrichtung zur Speicherung von elektrischer Energie in Form von chemischer Energie, die wieder als elektrische Energie entnommen werden kann. [Beleg (Lexikon Elektronik 37;I)]

92 Ausgeklammert – markiert durch [...] – sind in den Beispielen 31, 32, und 33 terminologische Dubletten (vgl. Kap. 5.5.1) sowie englischsprachige Benennungen, die den deutschen Lemmata beigestellt worden sind, da diese Informationen für meine Zwecke keine Rolle spielen.

Das letzte Beispiel dieses Typs weist eine etwas andere materielle Vertretung auf, indem das integrierte Kondensat durch ein Formelzeichen vertreten ist:

(33) Eisen, *Fe* […], ein chemisches Element […]; Ordnungszahl 26, Atommasse 55, 85 (bezogen auf ^{12}C), Schmelzpunkt 1539 °C, Siedepunkt ca. 2730 °C, Dichte 7,86 g mc^3, Kristallgitter kubisch-raumzentriert (α-Fe, unterhalb von 906 °C)[Beleg (Lexikon Elektronik 185;II)]

5.5.2 Expansionen vom Typ: Formelzeichen → Terminus

In meinem Korpus findet sich insgesamt nur ein Beleg dieses Typs und zwar nur in der Textsorte „Lehrbuch“:

(34) K_{20} = 44 Ah […] bedeutet, daß 20 h lang der Durchschnittsstrom 2,2 A abgegeben werden kann. [Beleg (Fachkunde Elektrotechnik 501;I)]

In der Analyse:

[K_{20} = 44 Ah] ^{Definiendum} → [bedeutet +,] ^{Definitor} → [daß 20 h lang der Durchschnittsstrom 2,2 A abgegeben werden kann] ^{Definiens}

Im Vergleich zu den Kondensationen vom Typ „Terminus → Formelzeichen“ (Kap. 5.2.2) ist obiges Beispiel materiell komplizierter (eine regelrechte Formel anstelle eines einzigen Formelzeichens). Außerdem zeichnet sich obiger Typus dadurch aus, dass er nicht bloß die Formelzeichen auf Termini bringt (**h** und **A** finden sich immer noch im Expandat), sondern dem Rezipienten die Formel sprachlich aufbereitet. Diese sprachliche Aufbereitung darf aber nicht als Indiz dafür angesehen werden, dass hier von einer Expansion vom Typ Formelzeichen → Zuordnungskontext die Rede ist. Denn die Relation, die von einem Zuordnungskontext gefordert ist, damit er in einer Expansion als Expandat auftreten kann, ist hier nicht gegeben. Expandate vom Typ Zuordnungskontext stehen in einer gesetzt inhaltlichen Relation zu ihren Kondensaten (Kap. 3.2.1.2). Im Beispiel (34) ist hingegen die Rede davon, dass mehrere Formelzeichen auf mehrere Termini expandiert werden und zum Zweck der adressatengerechten Einführung sprachlich aufbereitet werden. In dieser Aufbereitung sehe ich ein Indiz für die Intention des Produzenten zur Verständnissicherung, die sich im Text widerspiegelt. Wenn ich in semiotischer Tradition davon ausgehe, dass die Bedeutung eines Zeichens, etwa des Kondensats im Beispiel 34 oben, seine Übersetzung in ein anderes Zeichen ist, „in dem es voller entwickelt ist" (so Jakobson (1992[1959]: 482) in enger Anlehnung an Peirce), so folgere ich, dass der Produzent, indem er das Expandat im Beispiel 34 als ein Zeichen konzipiert hat, das „voller entwickelt ist" als das Kondensat, dies absichtlich und deshalb getan hat, weil er sicher sein wollte, dem Rezipienten ausreichende Informationen zur Verfügung gestellt zu haben, um von ihm verstanden zu werden.

5.6 Zusammenfassende Bemerkungen

Während ich in den vorhergehenden Abschnitten dieses Kapitels zum Zweck der Analyse die Typen von Kondensationen/Expansionen einzeln behandelt habe, werde ich mich in diesem Unterkapitel damit befassen, die Einzelergebnisse je nach Textsorte in einen größeren Rahmen einzubetten, um mögliche textsortenspezifische Begründungen für den Einsatz von Kondensationen/Expansionen zu eruieren. Da das Vorkommen von Kondensationen/Expansionen in den untersuchten Textsorten weitgehend übereinstimmt, finde ich es zweckmäßig, die beiden Teilkorpora als eine Einheit zu behandeln.

Die Textsorte „Fachzeitschriftenartikel" zeichnet sich vordergründig dadurch aus, dass sie am sparsamsten von Kondensationen sowie von Expansionen Gebrauch macht. Die Gegenüberstellung der Belege in dieser Textsorte mit denen aus den anderen untersuchten Textsorten zeigt, dass das nachgewiesene weitgehende Fehlen von Kondensationen/Expansionen ein textsortenspezifisches Charakteristikum sein könnte. Aus der Perspektive der Kondensations- und Expansions-Analysen gesehen, gehört demnach das verhältnismäßig sehr geringe Vorkommen von Kondensationen und das verhältnismäßig extrem geringe Vorkommen (bzw. Nicht-Vorkommen) von Expansionen mit zum Textsortenprofil. Ausgehend von der kommunikativen Konstellation dieser Textsorte (kurz: Fachmann – Fachmann, dazu Kap. 4.2.1), lässt sich auch eine Antwort dafür finden, warum Kondensationen häufiger vorkommen als Expansionen. Bei der symmetrischen Positionierung des Produzenten und seines (intendierten) Rezipienten dieser Textsorte – sie sind ‚Kollegen-im-Fach' – darf der Textproduzent davon ausgehen, dass sein Rezipient sich im gemeinsamen Fach gut auskennt. Expansionen sind also deshalb hier weniger relevant, weil sie als Zeugnis einer Intention ‚Begriffsbildung im laufenden Text' fungieren (Kap. 5.5). Umgekehrt kann dem Einsatz von Kondensationen größere Relevanz zugesprochen werden – zumal dadurch eine Benennungsfunktion im Textverlauf bezeugt wird –, denn obwohl sich der Rezipient– als Fachmann – (grob vereinfacht formuliert) mit den Begriffen und den Begriffssystemen seines Faches auskennt, kennt er kaum jede Benennung dieser Begriffe, oder aber es sind neue hinzugekommen bzw. es werden im aktuellen Text neue eingeführt, die er bislang nicht gekannt hat. Dafür spricht auch, dass „Fachzeitschriftenartikel" von Einzelfällen bzw. von Einzelausprägungen von Sachverhalten eines Faches handeln (im Gegensatz z.B. zum „Lehrbuch", das von einem ganzen Fach bzw. einer ganzen Disziplin handelt – hierzu weiter unten).

In offensichtlichem Gegensatz zum „Fachzeitschriftenartikel" entfalten sich in der Textsorte „Lehrbuch" dagegen alle von mir behandelten Typen von Kondensationen und Expansionen.[93] Es reicht nicht aus, eine typische Kommunikationskonstellation dieser Textsorte (kurz) mit Fachmann – Laie anzugeben, denn der Begriff ‚Laie' müsste um ein Merkmal ‚Fachmann *in spe*' erweitert werden, zumal die (intendierte) Rezipientengruppe von Lernern und damit – mit einem *terminus technicus* der Soziologie – von einer Instrumentalgruppe bestimmt wird, deren übergeordnetes Ziel (ebenfalls vereinfacht gesagt) das Erlernen eines Faches ist. Somit geht es einem Rezipienten dieses Typs nicht vordergründig darum, über „Einzelfälle bzw. über Einzelausprägungen von Sachverhalten eines Faches" informiert zu werden, sondern über das Fach selbst. Zu diesem Zweck werden in meinem Korpus Kondensationen und Expansionen (vom Typ Zuordnungstext → Terminus und *vice versa*) quantitativ fast gleich eingesetzt. Wenn also keine der beiden Strategien (Kondensation und Expansion) in dieser Textsorte vorherrscht, dann kann davon gesprochen werden, dass sich die Funktionen dieser beiden Strategien (Benennen einerseits und Erklären andererseits) in dieser Textsorte komplementieren, was in keiner der anderen von mir untersuchten Textsorten der Fall ist.

93 In dieser Zusammenfassung werden jedoch die Typen, in denen Formelzeichen zu verzeichnen sind, ausgespart, da diese schon ausführlicher besprochen wurden (vgl. Kap. 5.2.2 und 5.5.2).

In der Textsorte „populärwissenschaftlicher Zeitschriftenartikel“ kommen bis auf die Expansion Formelzeichen → Terminus alle Kondensationen und Expansionen vor. Im Unterschied zum „Lehrbuch“ zeichnet sich der „populärwissenschaftliche Zeitschriftenartikel“ dadurch aus, dass er fast zweimal so viele Expansionen vom Typ Terminus → Zuordnungstext als Kondensationen vom Typ Zuordnungstext → Terminus enthält. Beim Vergleich mit dem „Fachzeitschriftenartikel“ ist zudem zu bemerken, dass die Tendenz sich allmählich bemerkbar macht, dass mit fallendem Fachlichkeitsgrad (Kap. 4.2.1) die Zahl der Expansionen auf Kosten ihrer kondensatorischen Pendants zunimmt (hierzu weiter unten). Diese Tendenz spiegelt zudem wider, dass die Konstellation der Kommunikationspartner dieser Textsorte an einem wesentlichen Punkt von der oben besprochenen Kommunikationskonstellation[94] abweicht. So ist die Positionierung zwar noch asymmetrisch, der Produzent immer noch ‚Fachmann‘ und der Rezipient stets ‚Laie‘; dafür ist letzterer aber kein ‚Fachmann *in spe*‘[95], und er wird daher nach der Lektüre eines „populärwissenschaftlichen Artikels“ auch nicht geprüft, wie es dem (intendierten) Rezipienten eines „Lehrbuchs“ passieren kann. Auch muss in Betracht gezogen werden, dass sich die Zeitschrift/Zeitung, aus der der isolierte „populärwissenschaftliche Zeitschriftenartikel“ stammt, aus einer Fülle von anderen Artikeln zusammensetzt, die wiederum intern weit weniger homogen sind, als es bei den anderen von mir untersuchten Textsorten der Fall ist. Der „Fachzeitschriftenartikel“ stammt aus einer Fachzeitschrift (sic!), deren Texte ein ‚Kommunizieren über‘ – ein Fach eben – als gemeinsamen Nenner haben. Das „Lehrbuch“ ist ein Lehrbuch (sic!) eben eines Faches, wogegen der „populärwissenschaftliche Zeitschriftenartikel“ aus einer ‚Textsammlung‘ (aus einer Zeitung, einer populärwissenschaftlichen Zeitschrift o.ä.) stammt, deren übrigen Texte *mutatis mutandis* kein gemeinsames ‚Kommunizieren über‘ haben. Damit im Einklang stehen nun das verhältnismäßig geringe Auftreten von Kondensationen und umgekehrt das verhältnismäßig starke Auftreten von Expansionen, denn eine Terminologisierung im Textverlauf, die u.a. dazu dient, dass der Rezipient die oder einige Termini eines Faches erlernen kann oder dass der Produzent im textuellen Nachhinein das Kondensat, *i.e.* den Terminus, nach

94 Die sich wiederum von der zuerst besprochenen Kommunikationskonstellation wesentlich absetzt.

95 Wenn doch, dann durch Zufall und somit nicht intendiert.

Belieben als Platzhalter (Kap. 3.3.1 und 5.3) einsetzen kann, kann für diese Textsorte nicht primär in Frage kommen. Auch ist es wohl unökonomisch, Termini in einem „populärwissenschaftlichen Zeitschriftenartikel", der von einem bestimmten Fachgebiet handelt, einzuführen, wenn im nächsten „populärwissenschaftlichen Zeitschriftenartikel" derselben Zeitschrift, der ein anderes Fachgebiet behandelt, sowieso neue Terminologisierungen im laufenden Text durchgeführt werden müssen. Im „Lehrbuch" dagegen kann es umgekehrt als sehr ökonomisch gelten, Terminologisierungen in den laufenden Text einzubringen, da sich sowohl Produzent als auch Rezipient bei der Produktion bzw. Rezeption in einem ganzen Buch auf dieselben Terminologisierungen beziehen können.

Wie im „populärwissenschaftlichen Zeitschriftenartikel" treten auch in der Textsorte „Lexikon" alle Kondensationen/Expansionen bis auf den Expansions-Typus Formelzeichen → Terminus auf. Die Kommunikationspartner sind in diesem Fall – wie oben – Fachmann und Laie, im Unterschied aber zum „Lehrbuch" kann man in diesem Falle nicht von einem ‚Fachmann *in spe*' ausgehen. Im Gegensatz zu den drei anderen Textsorten zeichnet sich das „Lexikon" überdies dadurch aus, dass es üblicherweise nicht von A bis Z gelesen wird. Sondern das „Lexikon" ist – was schon an seiner Makrostruktur abzulesen ist – so konzipiert, dass es Informationen in einer Weise anbietet, die es dem Rezipienten – bauend auf sein Interesse ‚informiert-zu-werden-über-einen-Einzelfall' – erlaubt, Informationen sehr gezielt zu suchen.

Eine unmittelbare Gegenüberstellung der Belege der Kondensation und der Expansion zeigt ein auffallendes Ergebnis, denn das „Lexikon" weist fast dreimal so viele Expansionen wie Kondensationen auf. Wenn also die Expansion vorherrschend ist, dann kann ich aus meiner Perspektive die geläufige bzw. allgemeinsprachliche Annahme nicht bestätigen, das Lexikon sei eine ‚kondensierte' Textsorte, zumal sie offenbar vielmehr als eine von aktuellen Expansionen geprägte Textsorte angesehen werden kann. (Diese Diskussion wird wieder aufgenommen, da sie nicht nur für meine Arbeit, sondern prinzipiell von Interesse ist – vgl. Kap. 6.1.)

Die Diskussion, die ich im Laufe dieses Kapitels 5 geführt habe, gibt mir Anlass dazu, drei wesentliche Schlüsse zu ziehen. Erstens differenzieren meine empirischen Analysen die Behauptung Beiers:

„Die *Häufigkeiten* von Definitionen [*i.e.* Zuordnungskontexten] sind verschieden. An der Spitze liegen die Lehrbücher, gefolgt von den Fachzeitschriften und den Arbeiten für Laien." (Beier 1982: 23)

Wenn ich auch Beier (und mit ihm Göpferich 1995: 384) zustimme, dass die Häufigkeit von Zuordnungskontexten eine maßgebliche Rolle bei der Typologisierung von Textsorten spielt, so zeigen doch obige Analysen deutlich, dass ich die Behauptung Beiers nuancieren und – von meinem Korpus ausgehend – teilweise widerlegen kann. Zuordnungskontexte kommen in meinem Korpus im „Lexikon" nämlich viel häufiger vor als im „Lehrbuch". Im „Fachzeitschriftenartikel" kommen sie fast nicht vor; im „populärwissenschaftlichen Zeitschriftenartikel" werden sie fast genauso sparsam verwendet wie im „Fachzeitschriftenartikel". Die Frage nach dem Einsatz von Zuordnungskontexten verlangt also eine differenziertere Antwort – und damit bin ich zum zweiten Schluss gekommen: Im Verhältnis z.B. zu den Beier'schen „Arbeiten für Laien", die – so muss ich als Leser annehmen – meinen „populärwissenschaftlichen Zeitschriftenartikel" und mein „Lexikon" umfassen, zeigt sich, dass diese beiden in Bezug auf das Vorkommen von Zuordnungskontexten doch sehr unterschiedlich sind, weshalb sie nicht unter einem so grobmaschigen Sammelbegriff subsummiert werden können. Es bietet sich als weitere Forschungsperspektive nun an, ein noch engmaschigeres Textsortenraster anzuwenden, damit man bezüglich des Einsatzes von Zuordnungskontexten zu noch differenzierteren Ergebnissen gelangen kann. Zur weiteren Differenzierung – und damit bin ich zum dritten Schluss gekommen – kann ich sagen, dass mir meine Analysen die Aussage erlauben, dass es tatsächlich ein nicht zu übersehender Unterschied ist, ob diese Zuordnungstexte nun integriert sind in Kondensationen oder aber in Expansionen (vgl. Kap. 5.1.1 und 5.5.1). Wie bereits erwähnt entspricht die Zahl von Kondensationen im „Lehrbuch" quantitativ fast der der Expansionen. In den drei anderen Textsorten aber können signifikante Unterschiede festgestellt werden. Im „Lexikon" sind Zuordnungskontexte als Teil von Expansionen fast dreimal häufiger als Zuordnungskontexte, die zur Etablierung von Kondensationen beitragen. Im „populärwissenschaftlichen Zeitschriftenartikel" ist dieses Verhältnis auch deutlich erkennbar, obwohl die Zahl der Expansionen lediglich knapp doppelt so hoch ist wie die der Kondensationen.

6 Integration

Ausgehend von der im Modell (Kap. 3.1) entwickelten theoretischen Basis, bin ich im Analysekapitel 5 einzelnen Kondensations-Formen analytisch nachgegangen. Dabei habe ich Kondensationen und Expansionen aus Texten isoliert und je nach Typus behandelt. Die Synthese bzw. die Integration der einzelnen Formen und Erscheinungstypen im Text steht noch aus. Mit der Integration kann aber gezeigt werden, dass es mein Zugang nicht nur erlaubt, das Thema Kondensation auf der Ebene des Phänomens einheitlich zu behandeln, dessen Instanziierungen im laufenden Text zu isolieren, zu katalogisieren und zu analysieren, sondern dass damit ebenso eine einheitliche Behandlung des Themas Kondensation auf der Ebene des Gesamttextes möglich ist. Zu diesem Zweck soll dargelegt werden, dass und wie die verschiedenen Kondensationen und Expansionen in einem Text ineinander integriert sind. Wie dem Kapitel 5 zu entnehmen ist, sind die Textsorten „Lexikon" und „Lehrbuch" die am meisten durch ein häufiges Auftreten von Kondensationen und Expansionen gekennzeichneten Textsorten. Es ist deshalb angemessen, die Integration an Hand illustrativer Analysen an Texten dieser beiden Textsorten zu behandeln.

6.1 Integrative Analyse: Lexikon

Aus dem „Lexikon" dient folgender Lexikoneintrag als Beispiel[96]:

(1) „**Kriechstrom**. *Strom, der sich zwischen gegeneinander unter *Spannung stehenden Teilen auf der Oberfläche eines gut isolierenden Stoffes infolge Anwesenheit von leitfähigen Verunreinigungen ausbildet. Die sichtbare Folge eines K. ist eine *Kriechspur*, welche durch örtliche Zersetzung oder Verkohlung entsteht. Die Widerstandsfähigkeit gegen die Bildung einer Kriech-

96 Die Angabe [3] ist ein lexikoninterner Verweis, der für meine Zwecke keine Rolle spielt.

spur, ist die *K.-Festigkeit.* Sie ist definiert als die Tiefe der Aushöhlung zwischen zwei *Elektroden nach Einwirken von 101 Tropfen einer Prüflösung, bestehend aus destilliertem Wasser mit Zusätzen aus NH_4Cl und Natriumsalzen oder durch die Zahl der erforderlichen Tropfen bis zur Bildung einer Kurzschlußbrücke. [3] *Lit.*: DIN 53 480 [3]"

Eingeleitet wird der Text von einer Expansion vom Typ Terminus → Zuordnungskontext[97]:

(1a) [Kriechstrom] ^{Definiendum} → [Fettdruck] ^{Definitor} → [Strom, der sich zwischen gegeneinander unter Spannung stehenden Teilen auf der Oberfläche eines gut isolierenden Stoffes infolge Anwesenheit von leitfähigen Verunreinigungen ausbildet]^{Definiens}

In der Linearität des Textes folgt unmittelbar darauf eine Kondensation vom Typ Zuordnungskontext → Terminus[98]:

(1b) [Die sichtbare Folge eines K.]^{Definiens} → [ist + Kursivstellung]^{Definitor} → [eine Kriechspur]^{Definiendum}

Unmittelbar danach folgt noch eine Kondensation vom gleichen Typ:

(1c) [Die Widerstandsfähigkeit gegen die Bildung einer Kriechspur] ^{Definiens} → [ist + Kursivstellung] ^{Definitor} → [die K.-Festigkeit] ^{Definiendum}

Das Kondensat aus dieser Kondensation fungiert – über das Pronomen **sie** – im Satz danach als Kondensat in einer Expansion vom Typ Terminus → Zuordnungskontext:

(1d) [Sie | K.-Festigkeit← |] ^{Definiendum} → [ist definiert als] ^{Definitor} → [die Tiefe der Aushöhlung zwischen zwei Elektroden nach Ein-

97 Vgl. Kap. 5.4.

98 Vgl. Kap. 5.1.

wirken von 101 Tropfen einer Prüflösung, bestehend aus destilliertem Wasser mit Zusätzen aus NH_4Cl und Natriumsalzen oder durch die Zahl der erforderlichen Tropfen bis zur Bildung einer Kurzschlußbrücke]^{Definiens}

Daran sind mehrere interessante Phänomene zu beobachten: Die erste Beobachtung ist die, dass was in der Analyse als zwei Expansionen und zwei Kondensationen herausgekommen ist (vgl. Kap. 5), in der Synthese einen Text ausmacht. Zu beobachten ist ferner, dass Kondensation und Expansion durch ein so einfaches kohäsionsschaffendes Mittel wie eine pronominale Wiederaufnahme ineinander integriert werden können (1c und 1d). Ebenso geht daraus hervor, wie das Kondensat in der Expansion (1a) **Kriechstrom** durch seine Kurzform **K.** im Expandat in der folgenden Kondensation (1b) wieder aufgenommen wird. In der darauffolgenden Kondensation (1c) wird dann das Kondensat aus der vorhergehenden Kondensation (1b), **Kriechspur**, als ein Teil des Expandats eingesetzt. Dabei ist zu bemerken, dass auch innerhalb der Kondensation (1c) vom Typ Zuordnungskontext → Terminus eine weitere Kondensation zu verzeichnen ist; und zwar eine Kondensation vom Typ Vollform → Kurzform[99]. In diesem Fall wird der Terminus **Kriechspur** in seine Kurzform **K.** kondensiert, diese bildet wiederum selbst das Determinans in einer Determinans-Determinandum-Struktur, **K.-Festigkeit**. In seiner Eigenschaft als bereits eingeführter Terminus trägt das Kondensat als Determinans zur Begriffsbildung im laufenden Text bei (hierzu Kap. 5.3). Dass die Kurzform von zwei verschiedenen Termini (**Kriechstrom** und **Kriechspur**) durch **K.** angegeben ist, beruht auf der lexikographischen Tradition bzw. Konvention, Lexeme nach Ersterwähnung im weiteren Lexikoneintrag durch den Initialbuchstaben wiederaufzunehmen. Obwohl der Produzent dadurch einen sprachökonomischen Gewinn erzielt, birgt diese Vorgehensweise die Gefahr, dass der Rezipient die beiden Expandate verwechselt. Damit haben wir ein Beispiel dafür, wie die Bestrebung, einerseits sein Kommunikat sprachlich ökonomisch zu gestalten, und andererseits, durch sein Kommunikat verstanden zu werden, in der Kondensation zusammenstoßen können.

99 Vgl. Kap. 3.2.1.1.

Ersichtlich ist ebenso, dass obiger Text außer einem Formelzeichen – **NH_4Cl** – eine Fülle von *termini technici* aufweist, die nicht in Kondensationen oder Expansionen auftreten. Dabei ist allerdings zu bemerken, dass die drei durch das lexikographische Zeichen * ausgezeichneten Termini als Lemmata in weitere Lexikoneinträge desselben Lexikons eingehen, wobei sie in einem weiteren Sinne als Kondensate in vom Rezipienten noch zu aktualisierenden Expansionen angesehen werden können.

Wenn in diesem Beispiel also zwei aktuelle Expansionen und (insgesamt) drei aktuelle Kondensationen zu verzeichnen sind, so sind zwar die Kondensationen in der Mehrzahl, aber eine klare Bestätigung der geläufigen Annahme, das Lexikon sei eine durch Kondensation gekennzeichnete Textsorte, liefert das Beispiel kaum. Aus meinem Verweis auf Kapitel 5.8 geht hervor, dass diese Textsorte – bezogen auf mein Korpus – fast dreimal mehr Expansionen als Kondensationen zu verzeichnen hat. An der Textoberfläche und aus Rezipientenperspektive kann dieser Textsorte also vielmehr eine starke Tendenz zum Expandieren zugesprochen werden. Diese Argumentation kann ich auf einer höheren Abstraktionsstufe mit einem weiteren Argument stützen, denn Lexika mit alphabetisch geordneter Makrostruktur (Bergenholtz/Tarp 1994: 240ff.) haben als Zugriff die semasiologische Fragestellung, „was bedeutet das Lemma a?“. Die offene Stelle, die diese Frage hinterlässt, wird in der Linearität des Lexikontextes unmittelbar danach vom Definitionstext bzw. von der Bedeutungsangabe geschlossen. Wenn ich den Definitionstext/die Bedeutungsangabe formelhaft durch „A“ vertreten lasse, so wird ersichtlich, dass sich eine Relation „a $\rightarrow$ A“ etabliert. Es ist also nicht bloß die Rede von einer Expansion im Text, sondern von einer Expansion als Text. In diesem Sinne wohnt dem Nachschlagewerk mit alphabetisch geordneter Makrostruktur ein Expansionsverhältnis als konstitutive Komponente inne. Mit Bezug auf die graphischen Darstellungen zu den einzelnen Kondensations- und Expansions-Formen (vgl. Kap. 5) die Integration wie folgt illustriert werden.

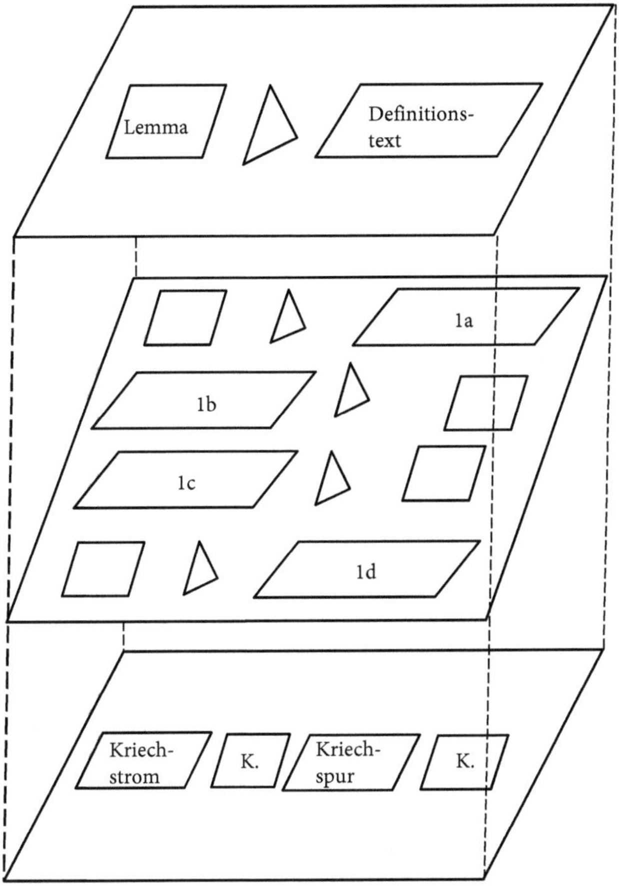

Abb. 6-1

Diese Graphik zur Illustration der Integration muss man als eine Röntgenaufnahme verstehen, in der die Dynamik der Kondensations- bzw. Expansionsprozesse in Zeit und Raum zu einer Statik gefroren ist.

Woran liegt es dann, dass Beneš trotzdem nicht ganz unrecht hat, wenn er behauptet, dass der [...] „Lexikonstil [...] eine maximale Kondensation anstrebt [...]“ (1973: 48)? Ich bin der Meinung, dass man dieser Kondensiertheit der „Lexika“ auf einer ganz anderen Ebene als auf der Textoberfläche nachgehen muss. Das Lexikon ist in der Typologisierung bei Göpferich (dazu Kap. 4.2.1) den „wissenszusammenstellenden Texten“ zuzurechnen:

> „Die wissenszusammenstellenden Texte nehmen als eine Art ‚abgeleitete Texte‘ einen Sonderstatus ein. In ihnen wird Wissen zusammengestellt, das zuvor bereits in Texten der anderen Fachtexttypen präsentiert wurde“. (Göpferich 1995: 126)

Die Relation, die Göpferich zwischen den (Ausgangs-)Texten und den abgeleiteten Texten sieht, ist die der „Selektion/Komprimierung“ (ebenda). Dabei muss ich darauf aufmerksam machen, dass die Selektion von Wissen eine andere Operation ist als die Kondensation von Wissen. Bezüglich des Lexikons als Produkt einer Kondensation (zur Selektion komme ich unten zu sprechen) erfährt die Auffassung Göpferichs eine klärende Konkretisierung bei Wolski, wo es heißt, „[…] daß ein Text nur in bezug auf einen anderen Text (bzw. mehrere andere Texte) als verdichtet resp. kondensiert gelten kann“ (1997: 6). Das heißt wiederum, dass man diesen anderen Texten den Status von Vorgängertexten für das Lexikon zuschreiben kann. Im Beispiel (1) ist ein solcher Vorgängertext explizit angegeben, denn

> „[d]ie Autoren haben […] sich bemüht, dem Benutzer durch ausgewählte Literaturhinweise eine vertiefende Beschäftigung mit einzelnen Themen zu ermöglichen.“ (Elektronik Lexikon 1982; aus dem Vorwort)

Aus der Sicht dieser Arbeit und der Perspektive des Rezipienten entspricht der Literaturhinweis, der in Form eines Titels etc. ohne Ko-Text im laufenden Text auftritt, einem Kondensat in einer ‚virtuellen‘, einer auf das Verlassen des Textes beruhenden Expansion. Umgekehrt ist dieser Titel aus der Perspektive des Produzenten nun ein Kondensat in einer ebenso ‚virtuellen‘ Kondensation.[100]

100 Wie aus den Kapiteln 1 bis 3 hervorgeht, wird in dieser Arbeit nicht mit ‚virtuellen‘ Zeichen gearbeitet, weshalb ich dieses Thema an dieser Stelle auch nicht weiter ausführe.

6.2 Integrative Analyse: Lehrbuch

Folgender Teiltext dient als Beispiel aus einem „Lehrbuch“:

> „25.3.2 Nickel-Cadmium-Akkumulatoren
> Als Elektrolyt dient Kalilauge, d.h. eine wäßrige Lösung von Kaliumhydroxid (KOH). In geladenem Zustand enthält die positive Elektrode Nickel(III)-oxidhydroxid (NiOOH), die negative Elektrode Cadmium (Cd) oder Eisen (Fe). Beim Entladen erfolgt eine Umwandlung in Nickelhydroxid $Ni(OH)_2$ bzw. Cadmiumhydroxid $Cd(OH)_2$. Wasser wird gebunden. Durch Laden kehren sich die Vorgänge um. Die Dichte des Elektrolyten (1,19 kg/dm^3) ändert sich dabei fast nicht und gibt deshalb keine Auskunft über den Ladezustand des Akkus.“ (Fachkunde Elektrotechnik 1993: 502)

Eingeleitet wird der Text von einer Überschrift, die als inhaltliches Kondensat, als Thema des darauffolgenden Textes konzipiert ist, wobei das Expansionsverhältnis Überschrift → Ko-Text etabliert ist (Kap. 3.2.1.3).[101] Denn der Terminus, der die Überschrift ausmacht, setzt sich aus drei Lexemen zusammen, die im Ko-Text einzeln wiederaufgenommen und mit anderen Lexemen gemeinsam vertextet werden, wobei sie zur Etablierung der textuellen Expansion beitragen.

Das Lexem **Nickel** in Verbindung mit

2a) die positive Elektrode Nickel(III)-oxidhydroxid (NiOOH)
2aa) eine Umwandlung in Nickelhydroxid $Ni(OH)_2$

Cadmium in Verbindung mit

2b) die negative Elektrode Cadmium (Cd)
2bb) Umwandlung in … Cadmiumhydroxid $Cd(OH)_2$

101 Die dezimalklassifikatorische Angabe **25.3.2** spielt an dieser Stelle keine Rolle, sie wird weiter unten besprochen.

Und schließlich **Akkumulator** als

2c) über den Ladezustand des Akkus

Zu bemerken ist, dass das Lexem **Akkus**[102] die lexikalische Kurzform der Vollform **Akkumulator** aus der Überschrift darstellt. Damit ist eine Kondensation vom Typ Vollform → Kurzform in der Lage, einen Rahmen um einen ganzen Teiltext zu bilden. In diese textuelle Expansion integriert sind wiederum andere Kondensationen und Expansionen. So beginnt der Ko-Text mit einer Expansion vom Typ Terminus → Zuordnungskontext:

2d) [Kalilauge] ^{Definiendum} → [d.h.] ^{Definitor} →
[eine wäßrige Lösung von Kaliumhydroxid (KOH)] ^{Definiens}

In diese Expansion ist gleichzeitig eine Kondensation vom Typ Terminus → Formelzeichen integriert[103]:

2e) [Kaliumhydroxid] ^{Definiens} → [()] ^{Definitor} → [KOH] ^{Definiendum}

Im weiteren Verlauf des Ko-Textes kommen fünf weitere Kondensationen dieses Typs vor:

2f) [Nickel(III)-oxidhydroxid] ^{Definiens} → [()] ^{Definitor} → [NiOOH] ^{Definiendum}
2g) [Cadmium] ^{Definiens} → [()] ^{Definitor} → [Cd] ^{Definiendum}
2h) [Eisen] ^{Definiens} → [()] ^{Definitor} → [Fe] ^{Definiendum}
2i) [Nickelhydroxid] ^{Definiens} → [Ø] ^{Definitor} → [$Ni(OH)_2$] ^{Definiendum}
2j) [Cadmiumhydroxid] ^{Definiens} → [Ø] ^{Definitor} → [$Cd(OH)_2$] ^{Definiendum}

Wenn für das „Lexikon“ – oben – gesagt werden kann, die Integration von Expansionen und Kondensationen macht einen ganzen Text aus, dann ist dies bei diesem Teiltext aus dem „Lehrbuch“ nicht der Fall. Zu bemerken ist aber, dass die Lexeme, die die Überschrift ausmachen, welche wiederum das Thema des Ko-Textes verbalisiert, nicht nur wiederaufgenommen und vertextet wer-

102 Dabei ist **Akkus** jedoch der Plural von **Akku**.

103 Hierzu Kap. 5.2.2.

den, sondern als Komponenten von und in Kondensationen wiederaufgenommen und vertextet werden.

Da ich Kondensationen eine Benennungsfunktion zugesprochen habe (hierzu Kap. 5.1), folgere ich, dass es dem Produzenten in diesem Teiltext in besonderem Maße darum geht, neue Benennungen einzuführen. Es stellt sich natürlich die Frage, warum Benennungen besonders an dieser Stelle verhältnismäßig häufig auftreten. Die Antwort finde ich im Textverlauf. Denn als Rezipient eines „Lehrbuches" darf man mit Recht erwarten, dass, wenn im Verlauf des „Lehrbuches" ein neuer Sachverhalt behandelt wird, einem dieser zunächst erklärt wird. Da ich Expansionen eine Erklärungsfunktion zugesprochen habe (hierzu Kap. 5.5), heißt das, dass man erwarten kann, in dem ersten Teiltext, der von einem neuen Sachverhalt handelt, verhältnismäßig vielen Expansionen zu begegnen. In Teiltexten, die im Textverlauf später auftreten – wie das Beispiel oben, das mit der dezimalklassifikatorischen Angabe **25.3.2.** bezeichnet ist –, ist der Sachverhalt dann schon erklärend eingeführt. Dadurch kann der Produzent neue Benennungen einführen, ohne seinen Rezipienten zu überfordern. Die Annahme liegt also nahe, dass die Zahl der Kondensationen und Expansionen von der Funktion des Teiltextes abhängig ist, in dem sie eingesetzt werden. Diese Annahme kann ich aber, von meinem Textkorpus ausgehend, nicht empirisch stützen, da ich nicht ganze „Lehrbücher" in das Korpus aufgenommen habe, sondern ausschließlich einzelne Kapitel und Teiltexte aus diesen.

6.3 Zusammenfassende Bemerkungen

Damit habe ich nicht nur die Integration solcher aktuellen Kondensationen und Expansionen beschrieben, die sich in typologischer Hinsicht komplementieren (wie z.B. Terminus → Zuordnungskontext und Zuordnungskontext → Terminus). Auch habe ich darlegen können, dass und wie Kondensations- bzw. Expansions-Typen in andere Kondensations- bzw. Expansions-Typen integriert sind. Dies gilt sowohl für die Textsorte „Lehrbuch" als auch für das „Lexikon".

Aus textgestalterischer Sicht ist eine Beobachtung besonders interessant, und zwar die, dass eine Sukzession von Expansionen und Kondensationen einen Text ausmachen kann (Kap. 6.1). Dabei ergibt sich die Frage, inwieweit Expansionen und Kondensationen, ihr Vorkommen und ihre Reihung im Text überhaupt zur Gestaltung von Texten und – in der Abstraktion – von Textsorten beitragen. Denn am Beispiel Lexikoneintrag habe ich gezeigt, dass Expansionen nicht nur in Texten vorkommen, sondern – in der Abstraktion – ebenso als Texte. Wenn Expansionen als Texte vorkommen, dann hat sich das Thema des strategisch bedingten Einsatzes von Expansion (Kap. 4.1.1) also nicht im Text erschöpft. Die Tatsache, dass das Lexikon mit einer alphabetisch geordneten Makrostruktur konzipiert worden ist, ist ebenso eine Folge strategischer Überlegungen. Denn es hätte ja mit der onomasiologischen Fragestellung „Wie nennt man diesen Begriff?" ebenso als Muster konzipiert werden können. Wenn also dem Lexikon, das nach der semasiologischen Fragestellung konzipiert worden ist, ein Expansionsverhältnis als konstitutive Konstituente innewohnt, dann wohnt dem Lexikon, das nach der onomasiologischen Fragestellung konzipiert ist, ein Kondensationsverhältnis als konstitutive Komponente inne. Eine interessante Anschlussfrage an die Diskussion um die Analyse von Teiltexten (z.B. Oldenburg 1992) ist die Annahme, dass die Zahl der Kondensationen/Expansionen in einem Teiltext von der Funktion dieses Teiltextes im Gesamttext abhängig ist. Denn damit öffnet sich die Perspektive, in welchem Maße Kondensationen/Expansionen zur didaktischen Gestaltung von „Lehrbüchern" insgesamt beitragen.

7 Zusammenfassung

Wie ich in Kapitel 1 der vorliegenden Arbeit angeführt habe, beruht die Wahl von Kondensation als Forschungsgegenstand darauf, dass auf diesem Gebiet ein entscheidendes Forschungsdefizit zu verzeichnen ist. Obwohl in der relevanten Forschungsgemeinde über die Aussage Beneš's

> „Der Fachstil ist bestrebt, die Sachverhalte inhaltlich möglichst vollständig, sprachlich dagegen möglichst straff und gedrängt darzustellen."
> (Beneš 1973: 40)[104]

allgemeiner Konsens herrscht, hat dieser Konsens nicht zu einer eigentlichen Behandlung des Themas Kondensation geführt. Obwohl vereinzelte Arbeiten vorliegen, die sich mit unterschiedlichen Ausprägungen dessen befasst haben, was ‚Ausdruck für Kondensation' genannt wird, stand bislang eine ausführliche Behandlung des Themas aus.

Folglich habe ich in Kapitel 2 einleitend dargelegt, wie sich das Thema Kondensation in den Arbeiten, die sich damit befasst haben, in drei Hauptströmungen verzweigt hat. Angefangen hat es mit der intersprachlichen Kondensation nach Mathesius, der in den zwanziger oder dreißiger Jahren, im Rahmen der Funktionalstilistik kontrastive linguistische Analysen der englischen und tschechischen Sprache durchgeführt hat. Anhand ausgewählter Konstruktionen aus beiden Sprachen hat er gezeigt, wie das Englische tendenziell kondensiert, wo das Tschechische auflöst. Diese intersprachliche Kondensation findet in der heutigen Sprachforschung ihre Weiterführung z.B. im weiteren Rahmen der kontrastiven Stilistik.

Mit Nosek, der in Anlehnung an Mathesius weitere Konstruktionen untersucht – da er zeigen will, dass nicht nur die von Mathesius analysierten sprachlichen Konstruktionen ‚Ausdruck für Kondensation' sind –, vollzieht sich eine Ausdehnung hinsichtlich des intersprachlichen Zugangs. Bei ihm werden aktuelle sprachliche Konstruktionen einer Objektsprache, d.h. intrasprachlich,

104 Fast gleichlautend z.B. bei Ziehe (1964: 63) und Reinhardt/Köhler/Neubert (1992: 145).

untersucht und virtuellen, mittels der Grammatiktheorie eruierten Konstruktionen gegenübergestellt. Diese intrasprachliche Kondensation findet ihre heutige Weiterführung z.B. in den Bereichen der Grammatikforschung, die sich mit der „Ersparung von Redeteilen“ (vgl. z.B. Duden 1995: 682ff.) und „verblosen Sätzen“ (vgl. Behr/Quintin 1996) o.ä. befassen.

Die intrasprachliche Kondensation noch weiter verfolgend führt Vaschek den Terminus Kondensator ein „[...] für alle die sprachlichen Mittel, die zum Ausdruck der Satzbedeutung ohne entsprechende formale Kennzeichen der Prädikation dienen“ (zitiert nach Ivić 1975: 774). Mit dieser Definition werden vor allem nominale sprachliche Größen als ‚Ausdruck für Kondensation‘ gewertet. Da die Fachsprache der Technik vom Nominal- oder Nominalgruppenstil gekennzeichnet ist, liegt es nahe, Kondensation mit Nominalität zu parallelisieren. Da sich die allgemein akzeptierte ‚Tendenz zur Kondensation‘ in der heutigen Fachsprachenforschung auf eben diese intrasprachliche Kondensation bezieht, habe ich anschließend neuere Arbeiten, die maßgeblichen Einfluss auf diese Auffassung von Kondensation geübt haben, vorgestellt und diskutiert. Ich habe dabei gezeigt, dass der obigen Auffassung die Annahme einer grundlegenden Prädikation (Kap. 2.1.3.1) zugrunde liegt. Da – so die Autoren – dieses nominalisierte Kondensat eine kondensierte Ableitung einer Prädikation darstellt, hat man es – um zu zeigen, dass es ein Kondensat ist – zu einer Prädikation auflösen müssen. Das aufgelöste Pendant ist jedoch nicht im Text vorhanden, weshalb man es – um den Unterschied zwischen Kondensat und Prädikation zeigen zu können – an die Textoberfläche bringen muss. Dies geschieht mittels einer Paraphrase (Kap. 2.1.3.1.1). Indem die Autoren davon ausgehen, dass alle Kondensate Ableitungen von Prädikationen sind, ist von vornherein bedingt, dass sie mittels der Paraphrase auch wieder zu einer Prädikation gelangen. Da die Annahme einer grundlegenden Prädikation als Voraussetzung gilt, hat man sich zur Verifikation dessen, das eine sprachliche Größe kondensiert ist, ferner eines Zirkelschlusses bedienen müssen: Kondensiert ist etwas, wenn es sich auflösen lässt; aufgelöst ist etwas, wenn es sich kondensieren lässt (Kap. 2.1.3.1.1.1).

Auch die Ansätze zur Skalierung von Kondensaten sind auf dieser Basis entworfen worden (Kap. 2.1.3.1.1.2). Je ‚prädikativer‘ eine Äußerung ist, desto aufgelöster ist sie und *vice versa*. Zur Skalierung hat man eine Äußerung mit anderen Ausprägungen derselben Äußerung verglichen. Dazu ist kritisch anzumerken, dass dieser Zugang womöglich überhaupt keine Skalierung darstellt. Um eine Skalierung im eigentlichen Sinne zu etablieren, bedarf es einer Skalierung verschiedener Äußerungen an einer Skala.

Zum Zweck der Selektion (Kap. 2.1.3.1.1.3) von sprachlichen Konstruktionen, die als ‚Ausdruck für Kondensation' akzeptiert werden, galt bislang die Auflösbarkeit dieser Konstruktionen. Wenn ich aber davon ausgehe, dass allem Sprechen die Möglichkeit zugrunde liegt, denselben Sachverhalt in unterschiedlicher Weise zum Ausdruck zu bringen, impliziert dies, dass allem Sprechen auch die Möglichkeit zugrunde liegt, denselben Sachverhalt ‚aufgelöster' auszudrücken. Unter dieser Voraussetzung reicht Auflösbarkeit also als Selektionskriterium nicht aus.

In Kapitel 3 habe ich demensprechend aus den Diskussionen in Kapitel 2 methodische Konsequenzen gezogen und diese als Grundlage für die Entwicklung einer theoretischen Basis benutzt, die ich das „Modell der Kondensation als einer aktuellen Relation" nenne (Kap. 3.1). Die Bestandteile des Modells bringe ich in Form folgender Sätze zum Ausdruck:

1) Eine Kondensations-Erscheinung setzt eine aktuelle Relation zweier Größen voraus – der Einfachheit halber als „a" und „A" notiert.
2) Die eine Größe „a" hat das relationale Merkmal [+kleiner als „A"] und die andere Größe „A" hat das relationale Merkmal [+größer als „a"] – formelhaft als „A > a" notiert.
3) „a" und „A" müssen sich gegenseitig substituieren können
4) Zwischen Kondensation und Expansion besteht eine korrelative Dynamik, formelhaft als „a $\rightleftarrows$ A" notiert.

Die Größe „a" nenne ich Kondensat, die Größe „A" Expandat.

Im Anschluss an das Modell ist ein Katalog von Kondensations-Formen entwickelt worden, der aus Einträgen von Morpho-Lexik bis zum Text besteht. Dieses Modell und der Katalog von Kondensations-Formen können als ein erster Schritt zur Etablierung einer „Kondensations-Linguistik" verstanden werden, wie sie Kretzenbacher (1990: 142) vorschlägt. Denn mit dem Modell habe ich eine theoretische Fundierung geschaffen, die nicht darauf beschränkt ist, sich nur mit vereinzelten (angeblichen) Kondensaten zu befassen. Das Modell stellt hingegen eine theoretische Basis zur Verfügung, die es ermöglicht, eine Reihe unterschiedlicher Konstruktionen in Fachtexten in ihrer Eigenschaft als Kondensations-Formen einheitlich zu behandeln.

Während ich im theoretischen Teil der Arbeit dem *Phänomen* Kondensation und dessen Manifestationen in der Fachsprache in Form von Kondensations-Formen nachgehe, habe ich mich ab Kapitel 4 damit beschäftigt, wie Kondensations-Formen in Fachtexten gesehen werden können. Wo es auf der Ebene des Phänomens nicht möglich ist, mit operationalisierbaren Mitteln zwischen Kondensation einerseits und Expansion andererseits zu unterscheiden, dort kann diese Unterscheidung auf der Ebene des Textes erfolgen, zumal die Reihenfolge von Expandat und Kondensat in der Linearität des Textes verankert ist. Ich habe also die Möglichkeit sowohl prozedurale Kondensationen („A → a“) als auch prozedurale Expansionen („a → A“) in Fachtexten zu untersuchen. Zu diesem Zweck wurde die Kondensations-Erscheinung Terminus in ihrer Eigenschaft als fachsprachlich besonders relevant ausgewählt.

In Kapitel 5 habe ich ein Analyseinstrumentarium entwickelt, das zeigt, wie man aus der Umsetzung der fachlexikalischen Kondensations-Erscheinung Terminus in Fachtexten zwei verschiedene Funktionen entweder als Kondensation oder als Expansion abstrahieren kann. Die prozedurale Kondensation hat eine Benennungsfunktion, während die prozedurale Expansion eine Erklärungsfunktion hat. Der Textproduzent hat demnach die Möglichkeit, zwischen Kondensation und Expansion und somit zwischen Benennen und Erklären zu wählen. Wählt er z.B. einen Terminus in einer Kondensation einzuführen, sehe ich in dieser Wahl gleichzeitig die Abwahl, diesen Terminus in einer Expansion einzuführen. Damit erlangt die konkrete Kondensation den Status eines taktischen Einzelverfahrens zur Unterstützung der Strategie des Benennens im laufenden Text (hierzu grundlegend Kap. 4.1.1). Als Resultat strategischer Überlegungen ist eine Kondensation die Widerspiegelung der Intention des Textproduzenten. Dank der konsequenten Unterscheidung zwischen prozeduraler Kondensation und prozeduraler Expansion habe ich zeigen können, dass ihr jeweiliger Einsatz textsortenbedingt ist. Damit habe ich einen Beitrag zur Eruierung von Fachtextsortenprofilen geliefert, denn in den bisherigen Ansätzen (Beier 1982 und vor allem Göpferich 1995) hat man diese Unterscheidung nicht berücksichtigt.

Starke führt an, dass es

> „[…] gerechtfertigt [ist], Gemeinsamkeiten von Fachtextsorten unabhängig von sachverhalts- und bereichsspezifischen Unterschieden und Besonderheiten zu verallgemeinern, weil verallgemeinerte wissenschaft-

liche Erkenntnisse sowohl der sprachlichen Bildung und Erziehung wie auch der fachsprachlichen Kommunikation vielfältig zugute kommen." (Starke 1987b: 158)

Indem ich mich diesem Gedanken anschließe, kann ich im Hinblick auf die Fachsprachenforschung auf mehrere Erkenntnisse hinweisen, zu denen dieses Kapitel Anlass gegeben hat. Das ‚Kommunizieren über' (hierzu grundlegend Kap. 4.2.1) spielt keine Rolle dafür, ob kondensiert oder expandiert wird. Maßgeblichen Einfluss übt dagegen die Textsortenzugehörigkeit des Textes aus. Es stellt sich die Frage, ob Kondensationen/Expansionen auch dann vorkommen, wenn das ‚Kommunizieren über' nicht einer technischen, sondern anderen Disziplinen (z.B. einer wirtschaftlichen Disziplin) zuzurechnen ist. Ich sehe nicht, wieso dies nicht der Fall sein sollte. Mit in Erwägung ziehen muss man dabei, dass andere Disziplinen disziplineigene Textsorten aufweisen (z.B. Jahresbilanz), die ich bei meinem ‚Kommunizieren über' nicht habe berücksichtigen können. Dies wiederum eröffnet die weitere Forschungsperspektive der disziplineigenen Kondensationen/Expansionen. Der Gedanke des textsortenbedingten Einsatzes von Kondensation/Expansion legt ferner den Schluss nahe, dass ein jedes Kommunikat – sei es nun als traditionell ‚fachlich' anerkannt oder nicht – in irgendeiner Form Kondensationen/Expansionen beinhaltet. Daraus folgt, dass ich – indem ich mich auf die Benennungsfunktion der Kondensation einerseits und die Erklärungsfunktion der Expansion andererseits beziehe – weiter fragen kann, in welchem Maße z.B. Expansionen zur Gestaltung von ‚deskriptiven' Texten beitragen.

Im Analysekapitel 5 bin ich einzelnen Kondensations-Formen und deren Umsetzung in Fachtexten analytisch nachgegangen; in Kapitel 6 folgt deren Integration. Damit habe ich einerseits darlegen können, wie verschiedene Kondensations-Formen ineinander integriert werden können und andererseits, wie Kondensationen und Expansionen ebenso ineinander integriert sind. Bemerkenswert ist dabei, dass eine Folge von Expansionen und Kondensationen einen ganzen Text konstituieren kann. Zu bemerken ist ferner, dass nicht nur Expansionen und Kondensationen in Texten maßgeblichen Einfluss auf die Textgestaltung haben. So wird am Beispiel des „Lexikons" gezeigt, wie ein Expansionsverhältnis textsortenkonstitutiven Charakter erhält.

Bei Spillner heißt es „[...], dass das Ziel der Angewandten Linguistik nicht linguistische Erkenntnis um ihrer selbst willen ist, sondern Nutzbarkeit solcher Erkenntnisse für die Praxis [...]“ (1989: 15f.). Die Erkenntnisse dieser Arbeit kann ich im Hinblick auf die Fachsprachendidaktik nutzbar machen. Denn für Studenten des fachsprachlichen Übersetzerstudiums, angehende Technical Copy Writer, Technische Redakteure oder Exportingenieure, sowie für alle, die in der Fachkommunikation produktiv tätig sind, ist ein nach Textsorten differenziertes Wissen um fachsprachliche Vertextungsstrategien unentbehrlich. Wenn man dazu in Erwägung zieht, dass die ‚Tendenz zur Kondensation‘ textsortenspezifischen Ausdruck findet, dann ergibt sich, dass das Wissen um den textsortenspezifischen Einsatz von Kondensationen und ihren Pendants, den Expansionen, für das gesamte ‚Schreiben in der Technik‘ nutzbar zu machen ist.

Da mein Modell zeichentheoretisch fundiert ist, und zumal Sprache *das* Zeichensystem ist, öffnet sich an dieser Stelle die Möglichkeit, meinen Ansatz nicht bloß auf eine Objektsprache anzuwenden, sondern auf eine Vielzahl von Objektsprachen. Die Anschlussfrage an eine noch zu entwickelnde Basis für die intersprachliche und interkulturelle Fachsprachenforschung lautet, ob diese Gemeinsamkeiten auch für andere Sprachen zutreffen. So wie ich das Modell zur Kondensation konzipiert habe, stünde einer solchen Untersuchung nichts im Wege.

Literaturverzeichnis

ABRAHAM, WERNER (1988): *Terminologie zur neueren Linguistik.* Max Niemeyer Verlag. Tübingen.

ABRAMSON, HAROLD I. (1964): „Getting Information Retrieval Systems to Work for you". In: *Chemical Engineering Progress.* 60. 8. August 1964. 88–94.

ADMONI, WLADIMIR (1970): *Der deutsche Sprachbau.* C.H. Beck'sche Verlagsbuchhandlung. München.

AGRICOLA, ERHARD (1979): *Textstruktur – Textanalyse – Informationskern.* VEB Verlag Enzyklopädie. Leipzig (= Linguistische Studien).

ARNTZ, REINER; HERIBERT PICHT (1989): *Einführung in die Terminologiearbeit.* Georg Olms Verlag. Hildesheim/Zürich/New York (= Studien zur Sprache und Technik 2).

BAUMANN, KLAUS-DIETER (1986): „Der Versuch einer integrativen Betrachtung des linguistischen Phänomens ‚Fachtext'". In: *Deutsch als Fremdsprache.* 2. 96–102.

BAUMANN, KLAUS-DIETER (2008): „Fachstile als Reflektion des Fachdenkens". In: *Sprachenvielfalt im Kontext von Fachkommunikation, Übersetzung und Fremdsprachenunterricht.* Hrsg. Von Hans P. Krings und Felix Maier. Frank & Timme Verlag. Berlin (Forum für Fachsprachen-Forschung 83). 185–195.

BAUMANN, KLAUS-DIETER (2009): „Die Ermittlung von Strategien des Fachdenkens in der Fachkommunikation von Natur- und Technikwissenschaften". In: *Translatologie aus integrativer Sicht. Übersetzungswissenschaftliche Analysen zwischen System und Globalität.* Hrsg. Von Klaus-Dieter Baumann. Verlag Dr. Kovač. Hamburg. 197–222.

BEHR, IRMTRAUD; HERVÉ QUINTIN (1996): *Verblose Sätze im Deutschen. Zur syntaktischen und semantischen Einbindung verbloser Konstruktionen in Textstrukturen.* Stauffenberg Verlag. Tübingen (= Eurogermanistik 4).

BEIER, RUDOLF (1982): „Zur Untersuchung der Fachsprache aus text- und pragmalinguistischer Sicht". In: *Fachsprachenforschung und -lehre.* Gunter Narr Verlag. Tübingen (= Tübinger Beiträge zur Linguistik 177). 15–27.

BELLMANN, GÜNTER (1977): „Zur lexikalischen Kürzung im Deutschen". In: *Kwartalnik Neofilologiczny.* XXIV. 2–3. 141–150.

BELLMANN, GÜNTER (1980): „Zur Variation im Lexikon: Kurzwort und Original". In: *Wirkendes Wort.* 30. 369–383.

BENEŠ, EDUARD (1967): „Nominalisierungstendenzen in der deutschen wissenschaftlichen Fachsprache". In: *Wissenschaftliche Zeitschrift der pädagogischen Hochschule Potsdam.* Heft 2. 147–154.

BENEŠ, EDUARD (1973): „Die sprachliche Kondensation im heutigen deutschen Fachstil". In: *Sprache der Gegenwart. Linguistische Studien III. Teil 1.* Pädagogischer Verlag Schwann. Düsseldorf. 40–50.

BENEŠ, EDUARD (1981): „Die formale Struktur der wissenschaftlichen Fachsprachen in syntaktischer Hinsicht". In: *Wissenschaftssprache. Beiträge zur Methodologie, theore-*

tischen Fundierung und Deskription. Hrsg. von Bungarten. Wilhelm Fink Verlag. München. 185–211.

BERGENHOLTZ, HENNING (1988): „Empiriske metoder i sprogvidenskabelig forskning“. In: *Hermes Tidskrift for Sprogforskning*. Århus. 1. 7–23.

BERGENHOLTZ, HENNING; SVEN TARP (1994): *Manual i fagleksikografi. Udarbejdelse af fagordbøger. Problemer og løsningsforslag*. Forlaget Systime. Herning.

BERGSTRØM-NIELSEN, HENRIK (1952): „Die Kurzwörter im heutigen Deutsch“. In: *Moderna Språk*. 46. 2–22.

BRANDT, WOLFGANG; NORBERT NAIL (1976): „Anführungszeichen. Versuch einer Systematik ihrer funktionalen Gebrauchsweise“. In: *Muttersprache*. 86. 407–426.

BRETZKE, HARRIET (1992): „Die Überschrift in englisch- und deutschsprachigen Zeitungssportberichten – ein konfrontativer Vergleich“. In: *Aktuelle Probleme der anglistischen Fachtextanalyse*. Verlag Peter Lang. Frankfurt am Main/Berlin/Bern/New York/Paris/Wien (= Leipziger Fachsprachen-Studien 5). 142–149.

BRINKER, KLAUS/CÖLFEN, HERMANN/PAPPERT, STEFFEN (2014): *Linguistische Textanalyse. Eine Einführung in Grundbegriffe und Methoden*. 8. Neu bearbeitete und erweiterte Auflage. Erich Schmidt Verlag. Berlin (= Grundlagen der Germanistik 29).

BUßMANN, HADUMOD (1990): *Lexikon der Sprachwissenschaft*. Zweite, völlig neu bearbeitete Auflage. Unter Mithilfe und Beiträgen von Fachkolleginnen und -kollegen. Alfred Kröner Verlag. Stuttgart.

COSERIU, EUGENIO (1977): „Inhaltliche Wortbildungslehre (am Beispiel des Typs ‚coupe-papier‘)“. In: *Perspektiven der Wortbildungsforschung*. Bouvier Verlag Herbert Grundmann. Bonn. 48–61.

COSERIU, EUGENIO (1994): *Textlinguistik. Eine Einführung*. Francke Verlag. Tübingen/Basel. (= Uni-Taschenbücher 1808).

DEDERDING, HANS-MARTIN (1982): *Wortbildung, Syntax, Text. Nominalkomposita und entsprechende syntaktische Strukturen in deutschen Patent- und Auslegeschriften*. Verlag Palm & Enke. Erlangen (Erlanger Studien 34).

DIENER, R. A. (1984): „Informational Dynamics of Journal Article Titles“. In: *Journal of the American Society for Information Science*. 35. 222–227.

DIETZ, GUNTHER (1995): *Titel wissenschaftlicher Texte*. Gunter Narr Verlag. Tübingen (= Forum für Fachsprachen-Forschung 26).

DIJK, TEUN A. VAN (1980): *Textwissenschaft. Eine interdisziplinäre Einführung*. Max Niemeyer Verlag. Tübingen.

DIN 1426 (1988): *Inhaltsangaben von Dokumenten. Kurzreferate, Literaturberichte*. Normenausschuß Bibliotheks- und Dokumentationswesen (NABD) im DIN Deutsches Institut für Normung e.V. Beuth Verlag. Berlin.

DIN 2330 (1993): *Begriffe und Benennungen. Allgemeine Grundsätze*. Normenausschuß Terminologie (NAT) im DIN Deutsches Institut für Normung e.V. Beuth Verlag. Berlin.

DIN 2340 (1977): *Abkürzungsregeln für Benennungen von Fachbegriffen*. Fachnormenausschuß Terminologie (FNT) im DIN Deutsches Institut für Normung e.V. Normenausschuß Grundlagen der Normung (NG) im DIN. Beuth Verlag. Berlin.

DIN 2342 (1986): *Begriffe der Terminologielehre. Grundbegriffe.* DIN Deutsches Institut für Normung e.V.. Beuth Verlag. Berlin

DROZD, L.; W. SEIBICKE (1973): *Deutsche Fach- und Wissenschaftsgeschichte. Bestandsaufnahme – Theorie – Geschichte.* Oscar Brandstetter Verlag. Wiesbaden.

Duden (1994): *»Das große Wörterbuch der deutschen Sprache« in acht Bänden.* Dudenverlag. Mannheim/Leipzig/Wien/Zürich.

Duden 4 (1995): *Grammatik der deutschen Gegenwartssprache.* Duden Band 4. Dudenverlag. Mannheim/Leipzig/Wien/Zürich.

Duden (2009): *Die Grammatik: Unentbehrlich für richtiges Deutsch.* Duden Band 4. Dudenverlag. Herausgegeben von der Dudenredaktion. Dudenverlag. Mannheim und Zürich.

EHLICH, KONRAD; CLAUS NOACK; SUSANNE SCHEITER (Hrsg.) (1994): *Instruktion durch Text und Diskurs. Zur Linguistik ‚Technischer Texte'.* Westdeutscher Verlag. Opladen.

EICHINGER, LUDWIG M. (1982): *Syntaktische Transposition und semantische Derivation. Die Adjektive auf -isch im heutigen Deutsch.* Max Niemeyer Verlag. Tübingen.

ENGEL, ULRICH (1988*): Deutsche Grammatik.* Julius Groos Verlag. Heidelberg.

EROMS, HANS-WERNER (1986): *Funktionale Satzperspektive.* Max Niemeyer Verlag. Tübingen (Germanistische Arbeitshefte 31).

FABRICIUS-HANSEN, CATHRINE (1986): „Zum Satzbau des Deutschen aus norwegischer Sicht". In: *Zielsprache Deutsch.* 1. 18–23.

FABRICIUS-HANSEN, CATHRINE (1995): „Kontrastive Stilistik am Beispiel Deutsch-Norwegisch. Ein Parallelkorpusprojekt". In: *Deutsch als Fremdsprache.* 21. 137–148.

FABRICIUS-HANSEN, CATHRINE (1996): „Informational Density: a Problem for Translation and Translation Theory". In: *Linguistics.* 34. 521–565.

Fachkunde Elektrochemie (1993). Verlag Europa-Lehrmittel. Haan-Gruiten.

Fachkunde Metall (1992). Verlag Europa-Lehrmittel. Haan-Gruiten.

FELBER, HELMUT (1986): „Einige Grundfragen der Terminologiewissenschaft aus der Sicht der Allgemeinen Terminologielehre". In: *Fachsprache.* 8. 3–4. 110–123.

FELBER, HELMUT; GERHARD BUDIN (1989): *Terminologie in Theorie und Praxis.* Gunter Narr Verlag. Tübingen (= Forum für Fachsprachen-Forschung 9).

FLEISCHER, WOLFGANG (1992): „Wortbildungsbedeutung". In: *Acta Universitatis Wratislaviensis.* 1356. 99–105.

FLEISCHER, WOLFGANG; IRMHILD BARZ (1992): *Wortbildung der deutschen Gegenwartssprache.* Unter Mitarbeit von Marianne Schröder. Max Niemeyer Verlag. Tübingen.

FLEISCHER, WOLFGANG; GEORG MICHEL, GÜNTER STARKE (1993): *Stilistik der deutschen Gegenwartssprache.* Verlag Peter Lang. Frankfurt am Main/Berlin/Bern/New York/ Wien.

FLEISCHER, WOLFGANG/BARZ, IRMHILD (1995): *Wortbildung der deutschen Gegenwartssprache.* 2. durchgesehene und ergänzte Auflage. Max Niemeyer Verlag. Tübingen.

FLUCK, HANS-RÜDIGER (Hrsg.) (1978): *Technische Fachsprachen. Materialien zum Verhältnis von Sprache und Technik.* Verlag Moritz Diesterweg. Frankfurt am Main/Berlin/München.

FLUCK, HANS-RÜDIGER (1985): *Fachdeutsch in Naturwissenschaft und Technik. Einführung in die Fachsprachen und die Didaktik/Methodik des fachorientierten Fremdsprachenunterrichts (Deutsch als Fremdsprache).* Heidelberg.

FLUCK, HANS-RÜDIGER (1988): „Zur Analyse und Vermittlung der Textsorte ‚Abstract'". In: *Fachbezogener Fremdsprachenunterricht.* Hrsg. von Gnutzmann. Gunter Narr Verlag. Tübingen (= Forum für Fachsprachen-Forschung 6). 67–90.

FLUCK, HANS-RÜDIGER (1991): *Fachsprachen. Einführung und Bibliographie.* Francke Verlag. München (= Uni-Taschenbücher 483).

FRANDSEN, LENE (1980): *Definition. Objekter, metoder og regler. Med eksempler fra et terminologisk inventar for ventilation og luftkonditionering. Del 1. Manuskript.* Handelshøjskolen i København. København.

GLÄSER, ROSEMARIE (1993): „Textsortenvergleich im universitären Fremdsprachenunterricht". In: *Methoden der Fachsprachendidaktik und -analyse. Deutsche Wirtschafts- und Wissenschaftssprache.* Hrsg. v. Klaus Morgenroth. Verlag Peter Lang. Frankfurt am Main/Berlin/Bern/New York/Paris/Wien. 17–38.

GLÄSER, ROSEMARIE (1996): „Der Status wissenschaftlicher und kommerzieller Nomenklaturen". In: *Terminologie und Nomenklatur. Ein Dichotomischer Ansatz zur strukturellen Differenzierung der Fachlexik.* Hrsg. von Morgenroth. Verlag Peter Lang. Frankfurt am Main/Berlin/Bern/New York/Paris/Wien (= Leipziger Fachsprachen-Studien 11). 67–109.

GNUTZMANN, CLAUS (1991): „‚Abstracts' und ‚Zusammenfassungen' im Deutsch-Englischen Vergleich: Das Passiv als interkulturelles und teiltextdifferenzierendes Signal". In: *Interkulturelle Wirtschaftskommunikation.* Hrsg. von Bernd-Dietrich Müller. Iudicium Verlag. München. 363–378.

GÖPFERICH, SUSANNE (1995): *Textsorten in Naturwissenschaft und Technik. Pragmatische Typologie – Kontrastiereung – Translation.* Gunter Narr Verlag. Tübingen (= Forum für Fachsprachen-Forschung 27).

GÖPFERICH, SUSANNE (1996): „Zum Begriff des ‚Technical Writings' als Intertextualität schaffendem Prozeß". In: *Fachsprache. Internationale Zeitschrift für Fachsprachenforschung, -didaktik und Terminologie.* 3/4. 98–117.

GÖPFERICH, SUSANNE; PETER A. SCHMIDT (1996): „Begriff und adressatengerechte Benennung: Die Terminologiekomponente beim ‚Technical Writing'". In: *Wissenschaftliche Grundlagen der Technischen Kommunikation.* Gunter Narr Verlag. Tübingen (= Forum für Fachsprachen-Forschung 32). 369–402.

GRICE, PAUL (1975). „Logic and conversation". In: COLE, P.; MORGAN, J.: *Syntax and semantics. 3: Speech acts.* New York: Academic Press. 41–58.

HALLIDAY, M. A. K. (1978): *Language as social semiotic: The social interpretation of language and meaning.* University Park Press. Maryland.

HARWEG, ROLAND (1979): *Pronomina und Textkonstitution.* Wilhelm Fink Verlag. München.

HARWEG, ROLAND (1984): „Initialsätze und Überschriften. Bemerkungen zur Struktur von Textanfängen". In: *Poetica. An International Journal of Linguistic-Literary Studies.* Shubun International. Tokyo. 63–90.

HAUSMANN, FRANZ JOSEF (1985): „Kolokationen im deutschen Wörterbuch. Ein Beitrag zur Theorie des lexikographischen Beispiels". In: *Lexikographie und Grammatik. Akten des Essener Kolloquiums zur Grammatik im Wörterbuch.* 28.–30.6.1984. Hrsg. von Henning Bergenholz und Joachim Mugdan. Max Niemeyer Verlag. Tübingen. 118–129.

HEGER, KLAUS (1964): „Die methodologischen Voraussetzungen von Onomasiologie und begrifflicher Gliederung". In: *Zeitschrift für Romanische Philologie.* 80. 486–516.

HEINEMANN, WOLFGANG; DIETER VIEHWEGER (1991): *Textlinguistik. Eine Einführung.* Max Niemeyer Verlag. Tübingen (= Reihe Germanistische Linguistik 115, Kollegbuch).

HELBIG, GERHARD; JOACHIM BUSCHA (1991): *Deutsche Grammatik. Ein Handbuch für den Ausländerunterricht.* Verlag Enzyklopädie Langenscheidt. Leipzig/Berlin/München.

HELBIG, GERHARD/SCHENKEL, WOLFGANG (1983): *Wörterbuch zur Valenz und Distribution deutscher Verben.* Max Niemeyer Verlag. Tübingen.

HELLWIG, PETER (1982): „Titulus oder zum Zusammenhang von Titeln und Texten. Titel sind ein Schlüssel zur Textlinguistik". In: *Sprache erkennen und verstehen. Akten des 16. Linguistischen Kolloquiums.* Kiel 1981. Band 2. Max Niemeyer Verlag. Tübingen. 157–167.

HENNE; HELMUT (1976): „Prinzipien einsprachiger Lexikographie". In: *Institut für deutsche Sprache. Probleme der Lexikologie und Lexikographie.* Jahrbuch 1975. 95–117.

HENTIG, HARTMUT VON (1987): „Polyphem oder Argos? Disziplinarität in der nichtdisziplinären Wirklichkeit". In: *Interdisziplinarität. Praxis – Herausforderung – Ideologie.* Hrsg. von Jürgen Kocka. Suhrkamp Verlag. Frankfurt am Main (= Suhrkamp-Taschenbuch Wissenschaft 671). 34–59.

HERINGER, HANS-JÜRGEN (1984a): „Wortbildung: Sinn aus dem Chaos". In: *Deustche Sprache.*1. 1–13.

HERINGER, HANS-JÜRGEN (1984b): „Gebt endlich die Wortbildung frei!" In: *Sprache und Literatur in Wissenschaft und Unterricht.* 53. 43–53.

HERINGER, HANS-JÜRGEN (1988): *Lesen – lehren – lernen. Eine rezeptive Grammatik des Deutschen.* Max Niemeyer Verlag. Tübingen.

HINTZE, MARTINA (1987): *Linguistische Untersuchung deutschsprachiger Rezensionen über wissenschaftliche (besonders technikwissenschaftliche) Publikationen.* Technische Universität Chemnitz. Chemnitz.

HJELMSLEV, LOUIS (1966[1943]): *Omkring Sprogteoriens Grundlæggelse.* Akademisk Forlag. København.

HOFFMANN, LOTHAR (1987): *Kommunikationsmittel Fachsprache. Eine Einführung.* Akademie-Verlag. Berlin (= Sammlung Akademie-Verlag 44, Sprache).

HOFRICHTER, WERNER (1977): *Zu Problemen der Abkürzung in der deutschen Gegenwartssprache.* Akademie der Wissenschaften der DDR. Zentralinstitut für Sprachwissenschaft. Linguistiche Studien (= Reihe A, Arbeitsberichte 44).

Horn-Helf, Brigitte (1997): *Kondensation als terminologisches Prinzip im Russischen.* Gunter Narr Verlag. Tübingen (Forum für Fachsprachen-Forschung 42).

Ickler, Theodor (1996): *Die Disziplinierung der Sprache.* Gunter Narr Verlag. Tübingen. [preprint der Seiten 176–184].

Inghult, Göran (1975): *Die semantische Struktur desubstantivischer Bildungen auf -mäßig.* Almquist & Wiksell International. Stockholm.

Ivić, M[ilka] (1975): „Theoretische und methodologische Aspekte des Begriffs der Kondensation". In: *Zeitschrift für Slawistik.* XX. 774–780.

Jakobson, Roman (1992[1959]): *Semiotik. Ausgewählte Texte 1919–1982.* Hrsg. von Elmar Holenstein. Suhrkamp Verlag. Frankfurt am Main (= Suhrkamp Taschenbuch 1007).

Kallmeyer, Werner; Wolfgang Klein; Reinhard Meyer-Hermann; Klaus Netzer; Hans-Jürgen Siebert (1974): *Lektürekolleg zur Textlinguistik. Band 1: Einführung.* Athenäum Fischer Taschenbuch Verlag. Frankfurt am Main.

Kalverkämper, Hartwig (1983): „Textuelle Fachsprachen-Linguistik als Aufgabe". In: *Zeitschrift für Literaturwissenschaft und Linguistik.* 51/52. 124–166.

Kalverkämper, Hartwig (1987): „Vom Terminus zum Text". In: *Standpunkte der Fachsprachenforschung.* Hrsg. von Manfred Sprissler. Gunter Narr Verlag. Tübingen (= Forum angewandte Linguistik 11). 39–78.

Kalverkämper, Hartwig (1990): „Gemeinsprache und Fachsprachen – Plädoyer für eine integrative Sichtweise". In: *Deutsche Gegenwartssprache: Tendenzen und Perspektiven.* Hrsg. von Gerhard Stickel. Jahrbuch 1989 des Instituts für deutsche Sprache. Walter de Gruyter. Berlin/New York. 88–133.

Kalverkämper, Hartwig (1996): „Im Zentrum der Interessen: Fachkommunikation als Leitgröße". In: *Hermes Tidsskrift for Sprogforskning.* 16. 117–176.

Kalverkämper, Hartwig (1998): *Fachsprachen. Ein internationales Handbuch zur Fachsprachenforschung und Terminologiewissenschaft.* Herausgegeben von Lothar Hoffmann, Hartwig Kalverkämper, Herbert Ernst Wiegand in Verbindung mit Christian Galinski und Werner Hüllen. Walter de Gruyter. Berlin/New York.

Kalverkämper, Hartwig (2004): „Die Fachkommunikationsforschung auf dem Wege der Pluralität. Zur Einführung in den Band". In: *Pluralität der Fachsprachenforschung.* Hrsg. von Klaus-Dieter Baumann und Hartwig Kalverkämper. Gunter Narr Verlag. Tübingen (Forum für Fachsprachen-Forschung 67).

Kastberg, Peter (1999): „Die Vertextung von Termini als Ausweis textueller Strategien in technischen Textsorten". In: *Hermes, Journal of Linguistics.* 23. 41–63.

Kastberg, Peter (2011): „Argos und Polyphem: Zum Komplexitätsanspruch der Wissenskommunikation". In: *Fach – Tranlat – Kultur: Interdisziplinäre Aspekte der vernetzten Vielfalt.* Hrsg. von Klaus-Dieter Baumann. Frank & Timme. Berlin (Forum für Fachsprachen-Forschung 98). 87–105.

Kastberg, Peter (2014): „Communicating Science: Appreciations of the ‚Other'". In: *Variation in Specialised Genres: Standardization and Popularization.* Hrsg. von Vijay K. Bhatia, Eleonora Chiavetta und Silvana Sciarinno. Narr Francke Attempto. Tübingen. (Europäische Studien zur Textlinguistik 14).

KELLER, RUDI (1995): *Zeichentheorie. Zu einer Theorie semiotischen Wissens.* Francke Verlag. Tübingen/Basel (= UTB für Wissenschaft: Uni-Taschenbücher 1849).

KOBLER-TRILL, DOROTHEA (1994): *Das Kurzwort im Deutschen. Eine Untersuchung zu Definition, Typologie und Entwicklung.* Max Niemeyer Verlag. Tübingen (Germanistische Linguistik 149).

KORN, MONIKA (1986): „Graphische Darstellungen in wissenschaftlichen Fachtexten. Ein Weg zur besseren Verständlichkeit". In: *Jahrbuch Deutsch als Fremdsprache* 1986. Band 12. Max Hueber Verlag. München. 151–172.

KRETZENBACHER, HEINZ LEONHARD (1990): *Rekapitulation. Textstrategien der Zusammenfassung von wissenschaftlichen Fachtexten.* Tübingen (= Forum für Fachsprachen-Forschung 11).

KRINGS, HANS P. KRINGS (Hrsg.) (1996): *Wissenschaftliche Grundlagen der technischen Kommunikation.* Gunter Narr Verlag. Tübingen (= Forum für Fachsprachen-Forschung 32)

KÜHNHOLD, INGEBURG; OSKAR PUTZER; HANS WELLMANN (1978): *Deutsche Wortbildung. Typen und Tendenzen in der Gegenwartssprache. Dritter Hauptteil: Das Adjektiv.* Hrsg. von Artur Moser. Pädagogischer Verlag Schwann. Düsseldorf.

LAUSBERG, HEINRICH (1967): *Elemente der literarischen Rhetorik. Eine Einführung für Studierende der klassischen, romanischen, englischen und deutschen Philologie.* Max Hueber Verlag. München.

LEEUWEN, THEO VAN (2005): *Introducing Social Semiotics.* New York: Routledge.

LINKE, ANGELIKA; MARKUS NUSSBAUMER; PAUL R. PORTMANN (1994): *Studienbuch Linguistik.* Max Niemeyer Verlag. Tübingen (= Germanistische Linguistik, Kollegbuch 121).

LIPKA, LEONHARD (1992): *An Outline of English Lexikology.* Max Niemeyer Verlag. Tübingen (= Forschung & Studium Anglistik 3).

LUTZEIER, PETER ROLF (1995): *Lexikologie. Ein Arbeitsbuch.* Stauffenberg Verlag. Tübingen.

MATUSSEK, MAGDALENA (1994): *Wortneubildung im Text.* Helmut Buske Verlag. Hamburg (= Beiträge zur germanistischen Sprachwissenschaft 7).

MÖHN, DIETER (1978): „Das Schichtbuch". In: *Technische Fachsprachen. Materialien zum Verhältnis von Sprache und Technik.* Hrsg. von Hans-Rüdiger Fluck. Verlag Moritz Diesterweg. Frankfurt am Main/Berlin/München. 19–20.

MÖHN, DIETER (1986): „Determinativkomposita und Mehrwortbenennungen im deutschen Fachwortschatz. Hinweise auf einen vernachlässigten Benennungstyp". In: *Jahrbuch Deutsch als Fremdsprache* 1986. Hrsg. von Alois Wierlacher et al. Band 12. Max Hueber Verlag. München. 111–133.

MORGENROTH, KLAUS (1996) (Hrsg.): *Terminologie und Nomenklatur. Ein dichotomischer Ansatz zur strukturellen Differenzierung der Fachlexik.* Verlag Peter Lang. Frankfurt am Main/Berlin/Bern/New York/Paris/Wien (= Leipziger Fachsprachen-Studien 11).

MYERS, MARIE J. (1987): „Knowing What, Knowing How". In: *Applications and Implications of Current LSP Research.* Volume I. Fagbokforlaget. Norge. 225–234.

NORD, CHRISTIANE (1993): *Einführung in das funktionale Übersetzen. Am Beispiel von Titeln und Überschriften.* A. Francke Verlag. Tübingen/Basel (= UTB für Wissenschaft: Uni-Taschenbücher 1734).

NOSEK, JIŘI (1966): „Notes on Syntactic Condensation in Modern English". In: *Travaux Linguistiques de Prague. 1. L'École de Prague d'aujourd'hui.* 281–288.

OGDEN, C.K./RICHARDS, I.A. (1989[1923]): *The Meaning of Meaning.* A Harvest Book. Florida.

OLDENBURG, HERMANN (1992): *Angewandte Fachtextlinguistik. „Conclusions" und „Zusammenfassungen".* Gunter Narr Verlag. Tübingen (= Forum für Fachsprachen-Forschung 17).

PALAND, ERNST-GÜNTER (1979): *Das neue Einheitsgesetz und seine Auswirkungen in der Technik.* INA informiert. Nr. SI 2-D. Herzogenaurach.

PAUL, HERMANN (1968): *Deutsche Grammatik. Band V. Teil V: Wortbildungslehre.* Max Niemeyer Verlag. Tübingen.

PELKA, ROLAND (1978): „Die technische Sprache als Kommunikationsmittel neben anderen". In: *Technische Fachsprachen. Materialien zum Verhältnis von Sprache und Technik.* Hrsg. von Hans-Rüdiger Fluck. Verlag Moritz Diesterweg. Frankfurt am Main/Berlin/ München. 14–16.

PICHT, HERIBERT (1987): „Fachsprachliche Phraseologie. Die terminologische Funktion von Verben". In: *Terminology and Knowledge Engineering. Proceedings International Congress on Termonology and Knowledge Engineering.* University of Trier. Indeks Verlag. Frankfurt am Main. 21–34.

PICHT, HERIBERT; REINER ARNTZ (1989): *Einführung in die Terminologiearbeit.* Georg Olms Verlag. Hildesheim/Zürich/New York (= Studien zu Sprache und Technik 2).

PINKAL, MANFRED (1981a): „Semantische Vagheit: Phänomene und Theorien, Teil I". In: *Linguistische Berichte.* 70. 1–26.

PINKAL, MANFRED (1981b): „Semantische Vagheit: Phänomene und Theorien, Teil II". In: *Linguistische Berichte.* 72. 1–26.

POLENZ, PETER VON (1988): *Deutsche Satzsemantik. Grundbegriffe des Zwischen-den-Zeilen-Lesens.* Walter de Gruyter. Berlin/New York.

POVEJŠIL, JAROMIR (1972): „Zur komplexen syntaktischen Kondensation im Deutschen und im Tschechischen". In: *Studies in Modern Philology* I. Praha. 79–118.

PREIß, SABINE (1983): „Textlinguistische Aspekte des Abstracts". In: *Linguistische Arbeitsberichte. 41.* Sektion Theoretische und Angewandte Sprachwissenschaft. Karl-Marx-Universität. Leipzig. 83–93.

REINHARDT, WERNER; CLAUS KÖHLER; GUNTER NEUBERT (1992): *Deutsche Fachsprache der Technik. Studien zu Sprache und Technik. Band 3.* Hrsg. von Rainer Arntz und Norbert Wegner. Georg Olms Verlag. Hildesheim/Zürich/New York.

REIß, KATHARINA (1989): „Textsortenkonventionen und Übersetzen". In: *Hermes Tidsskrift for Sprogforskning.* 2. 37–54.

ROTHE, ARNOLD (1986): *Der literarische Titel. Funktionen, Formen, Geschichte.* Vittorio Klostermann. Frankfurt am Main (Das Abendland – Neue Folge 16).

SAUSSURE, F[ERDINAND] DE (1993[1916]): *Course in General Linguistics*. Translated & Annotated by Roy Harris. Duckworth. London.

SCHIPPAN, THEA (1963): „Zur Bildung des Kurzwortes in der deutschen Sprache“. In: *Deutschunterricht*. 16. 539–545.

SCHIPPAN, THEA (1992): *Lexikologie der deutschen Gegenwartssprache*. Max Niemeyer Verlag. Tübingen.

SCHUBERT, KLAUS (2007): *Wissen, Sprache, Medium, Arbeit. Ein integratives Modell der ein- und mehrsprachigen Fachkommunikation*. (Forum für Fachsprachen-Forschung 76) Tübingen: Gunter Narr Verlag.

SCHULZE, ERICH (1978): „Der Terminus. Eigenschaften und Wesen sowie seine Abgrenzung von anderen Lexemarten“. In: *Sprache in Wissenschaft und Technik: Ein Sammelband*. Hrsg. von Lothar Hoffmann. VEB Verlag Enzyklopädie. Leipzig. 173–191.

SISKINA, I.P. (1986): „Zur Leistung des Titels in verschiedenen Textsorten – eine Analyse unter funktional-kommunikativen Aspekten“. In: *Potsdamer Forschungen*. Reihe A. 78. Potsdam. 110–118.

SOLFJELD, KÅRE (1995): „Sententialität und Übersetzungsstrategien Deutsch-Norwegisch“. In: *Zielsprache Deutsch*. 26.1. 31–43.

SOMMERFELDT, KARL-ERNST (1970): „Form und Bedeutung der Attribute beim Substantiv in der deutschen Sprache der Gegenwart“. In: *Zeitschrift für Phonetik, Sprachwissenschaft und Kommunikationsforschung*. 6. 554–571.

SOMMERFELDT, KARL-ERNST (1977): „Zur semantischen Bedingtheit konkurrierender Attributformen in der deutschen Sprache der Gegenwart“. In: *Zeitschrift für Phonetik, Sprachwissenschaft und Kommunikationsforschung*. 149–59.

SOMMERFELDT, KARL-ERNST (1982): „Erweiterte Infinitive mit ‚um zu‘, ‚ohne zu‘ und ‚anstatt zu‘ als Mittel der Verdichtung“. In: *Zeitschrift »Sprachpflege«. Zeitschrift für gutes Deutsch*. Jahresheft. 161–163.

SOMMERFELDT, KARL-ERNST (1983): „Die Struktur des Zusammengezogenen Satzes in der deutschen Sprache der Gegenwart“. In: *Zeitschrift »Sprachpflege«. Zeitschrift für gutes Deutsch*. 10. 145–160.

SOMMERFELDT, KARL-ERNST; WOLFGANG SPIEWOK (1989): *Sachwörterbuch für die deutsche Sprache*. VEB Bibliographisches Institut. Leipzig.

SPERBER, DAN/WILSON, DEIRDRE (1995): *Relevance: Communication and Cognition*, Second Edition, Oxford/Cambridge: Blackwell Publishers.

SPIEGEL, HEINZ-RUDI (1979): „Neubenennungen in den technischen Fachsprachen. Bestandsaufnahme und Entwicklungstendenzen“. In: *Der Deutschunterricht*. 31/5. 22–34.

SPILLNER, BERND (1982): „Stilanalyse semiotisch komplexer Texte. Zum Verhältnis von sprachlicher und bildlicher Information in Werbeanzeigen“. In: *Kodikas/Code. Ars Semeiotica*. 4/5. 1. 91–106.

SPILLNER, BERND (1989): „Angewandte Linguistik“. In: *Handbuch Fremdsprachenunterricht*. Hrsg. von Karl-Richard Bausch, Herbert Christ und Hans-Jürgen Krumm. A. Francke Verlag. Tübingen (UTB für Wissenschaft: Große Reihe). 13–20.

Stubbs, Michael (1996): *Text and Corpus Analysis. Computer-assisted Studies of Language and Culture*. Blackwell. Oxford.

Starke, Gunter (1987a): „Sprachliche Kurzformen“. In: *Zeitschrift »Sprachpflege«. Zeitschrift für gutes Deutsch*. Heft 5. 61–76.

Starke, Gunter (1987b): „Fachsprachliche Forschung auf neuen Wegen“. In: *Zeitschrift »Sprachpflege«. Zeitschrift für gutes Deutsch*. 11. 157–159.

Tefki, Chaffai (1987): „Readability Formulas: An Overview“. In: *Journal of Documentation*. 43. 257–269.

Thurmair, Maria (1995): „Doppelterminologie im Text oder: hydrophob ist wasserscheu“. In: *Linguistik der Wissenschaftssprache*. Hrsg. von Heinz Leonhard Kretzenbacher und Harald Weinrich. Akademie der Wissenschaften zu Berlin. Walter de Gruyter. Berlin/New York. 247–280.

Tobin, Yishai (1990): *Semiotics and Linguistics*. Longman. London/New York (= Longman Linguistics Library).

Unger, Christiane (1980): „Zur Entwicklungsgeschichte der elektrotechnischen Fachbezeichnung ‚Strom‘“. In: *Fachsprache. Internationale Zeitschrift für Fachsprachenforschung, -didaktik und Terminologie*. 1/1980. 163–168.

Walther, Helmut (1977): „‚BRD = Bundesrepublik Deutschland‘ (1952)“. In: *Der Sprachdienst*. 10. 150–151.

Weber, Siegfried (1985): „Adjektivische Vedichtungen im Fachtext“. In: *LS/ZISWA/A*. 123. Berlin. 95–118.

Weber, Siegfried (1991): *Verdichten und Auflösen als Formulierungsmöglichkeiten*. Unpubl. Unterrichtsmaterial. Technische Universität Chemnitz. Chemnitz.

Weinrich, Harald (1976): *Sprache in Texten*. Ernst Klett Verlag. Stuttgart.

Weinrich, Harald (1993): *Textgrammatik der deutschen Sprache*. Dudenverlag. Mannheim/Leipzig/Wien/Zürich.

Werlich, Egon (1979): *Typologie der Texte. Entwurf eines textlinguistischen Modells zur Grundlegung einer Textgrammatik*. Quelle & Meyer. Heidelberg (= Uni-Taschenbücher 450).

Wolski, Werner (1997): „Textverdichtung und Textauflockerung im standardisierten Fachwörterbuchartikel“. In: *Fachsprachen. Ein internationales Handbuch zur Fachsprachenforschung und Terminologiewissenschaft*. Walter de Gruyter. Berlin/New York (= HSK – Handbücher zur Sprach- und Kommunikationswissenschaft 14, erster Halbband). 1–17. [preprint].

Wunderlich, Dieter (1991): *Arbeitsbuch Semantik*. Athenäum Verlag. Königstein/Ts.

Wüster, Eugen (1959/60): „Das Worten der Welt. Schaubildlich und terminologisch dargestellt“. In: *Sprachforum*. 3. 3/4. 183–204.

Wüster, Eugen (1979): *Einführung in die Allgemeine Terminologielehre und Terminologische Lexikographie*. Technische Universität Wien. In Kommission bei Springer-Verlag. Wien/New York (= Schriftenreihe der Technischen Universität Wien 8/Teil 1).

Zaehme, Volker (1987): „Über Akronyme“. In: *Fachsprache. Internationale Zeitschrift für Fachsprachenforschung, -didaktik und Terminologie*. 9. 44–51.

ZHANG, DINGXIAN (1990): *Komplexe lexikalische Einheiten in Fachsprachen: Eine Untersuchung am Beispiel der Fachsprachen der Umformtechnik und der Fertigungstechnik.* Julius Groos Verlag. Heidelberg (Sammlung Groos 42.)

ZIEHE, ANNELIESE (1964): „Sprachliche Mittel des Knappheit des Ausdruckes in der wissenschaftlichen Literatur, am Beispiel des Attributs erläutert". In: *Wissenschaftliche Zeitschrift der pädagogischen Hochschule Potsdam.* Sonderheft März 1964. 63–72.

ZILLIG, WERNER (1982): „Textsorte ‚Rezension'". In: *Sprache erkennen und verstehen. Akten des 16. Linguistischen Kolloquiums.* Kiel 1981. Band 2. Hrsg. von Klaus Detering, Jürgen Schmidt-Radefeldt und Wolfgang Sucharowski. Max Niemeyer Verlag. Tübingen. 197–208.

Anhang: Angaben zum Korpus

Bibliographie

Legende	
(I)	= Text/Teiltext gehört zum Primärkorpus
(II)	= Text/Teiltext gehört zum Sekundärkorpus
Alphabetisch geordnet.	

(I) *Brockhaus Naturwissenschaften und Technik* (1983). F.A. Brockhaus. Wiesbaden. (= ausgewählte Lemmata).

(II) CLAUS, OLIVER; DIETER KÖNIG; EUGEN REUTER (1996): „Oberflächenalterung von Schaltanlagen-Bauteilen aus Epoxidharz-Formstoff nach 30jähriger Betriebszeit". In: *Elektrizitätswirtschaft.* 95. 5. 269–273.

(I) DUSTMANN, CORD-HEINRICH (1996): „Batterien für Elektroautos". In: *Spektrum der Wissenschaft.* 10/1996. 96–101.

(II) EBERHARD-METZGER, CLAUDIA (1997): „Dolly und die Folgen". In: *Bild der Wissenschaft.* 4/1997. 12.

(I) Elektor: „Alkali-Refresher" (1995). In: *Elektor.* 12/1996. 20–25.

(I & II) *Elektronik Lexikon* (1982). Franckh'sche Verlagsbuchhandlung. Stuttgart. (= ausgewählte Lemmata).

(I) ELVjournal: „Blei-Akku-Ladegerät mit Überwinterungs-Automatik" (1996). In: *ELVjournal.* 5/1996. 22–25.

(I & II) *Fachlexikon ABC Technik* (1983). Verlag Harri Deutsch. Thun/Frankfurt a.M. (= ausgewählte Lemmata).

(I) *Fachkunde Elektrotechnik* (1993). Verlag Europa-Lehrmitel. Haan-Gruiten. 498–502.

(II) *Fachkunde Metall* (1992). Verlag Europa-Lehrmittel. Haan-Gruiten. 7–16.

(II) GILKE, GERHARD (1996): „Auswahlkriterien für Unterbrechungsfreie Stromversorgungen". In: *Elektro Automation. Elektrotechnik + Elektronik in der Industrie.* 5/96. 70–72.

(I) HAMBITZER, GÜNTHER; JÜRGEN DREHER (1996): „Eine Lithium-Batterie mit neuem Funktionsprinzip". In: *Spektrum der Wissenschaft.* 10/1996. 103–104.

(II) HESS, WOLFGANG (1996): „Das große Schaufelspiel". In: *Bild der Wissenschaft.* 10/1996. 86–95.

(II) KAYSER, RAINER (1996): „Sonne in neuem Licht". In: *Die Zeit.* 25/1996.

(I) KREUER, KLAUS-DIETER; JOACHIM MAIER (1995): „Physikalisch-chemische Aspekte von Festelektrolyt-Brennstoffzellen". In: *Spektrum der Wissenschaft*. 7/1995. 92–94.

(I) KRIEG, BERNHARD (1992): *Strom aus der Sonne. Solartechnik in Theorie und Praxis*. Elektor Verlag. Aachen. 72–86.

(I&II) *Lexikon Elektrotechnik* (1994). VCH Verlagsgesellschaft. Weinheim. 1994. (= ausgewählte Lemmata).

(I) PETER, MATTHIAS (1996): „Brennstoffzellenentwicklung in Japan – eine Bestandsaufnahme". In: *Elektrizitätswirtschaft*. Jg. 95. Heft 5. 280–282.

(II) RAAP, KARSTEN (1996): „Online-USV-Anlagen für Netzwerke". In: *Elektro Automation. Elektrotechnik + Elektronik in der Industrie*. 8/96. 90–91.

(II) SCHEIDER (1996): „Intelligente Winkelsensoren in der Automatisierung". In: *Elektro Automation. Elektrotechnik + Elektronik in der Industrie*. 8/96. 32–33.

(II) SCHLEGEL, KRISTIAN (1997): „Und jetzt das Weltraumwunder". In: *Die Zeit. Wissen*. Themen der Zeit: 54.

(I) *TechnikLexikon. Bertelsmann* (1974). Lexikon-Verlag. Gütersloh/Berlin/München/Wien. (= ausgewählte Lemmata).

(II) TÖPFER, HEINZ; PETER BESCH (1989): *Grundlagen der Automatisierungstechnik*. VEB Verlag Technik. Berlin. 34–38.

Umfang je nach Textsortenzugehörigkeit

Legende	
(I)	Text/Teiltext gehört zum Primärkorpus
(II)	Text/Teiltext gehört zum Sekundärkorpus
S.	Seiten
Typo-Zeichen	typographische(s) Zeichen (einschl. Leerstellen)
tZc.	typographische(s) Zeichen (einschl. Leerstellen)
Zl.	Zeile(n)

Fachzeitschriftenartikel:

(I)
Elektor

Typo-Zeichen, gesamt	(450 Z. x 37 tZc.)	166650
Normalseiten à 1400 Typo-Zeichen	(166650 tZc. : 1400 tZc.)	11,9 S.

(I)
ELVjournal

Typo-Zeichen, gesamt	(269 Zl. x 39 tZc.)	10491
Normalseiten à 1400 Typo-Zeichen	(10491 tZc. : 1400 tZc.)	7,5 S.

(I)
Peter

Typo-Zeichen, gesamt	(235 Zl. x 41 tZc.)	9635
Normalseiten à 1400 Typo-Zeichen	(9635 tZc. : 1400 tZc.)	6,9 S.

Lehrbuch:

(I)
Fachkunde Elektrotechnik

Typo-Zeichen, gesamt	(131 Zl. x 95 tZc.)	12445
Normalseiten à 1400 Typo-Zeichen	(12445 tZc. : 1400 tZc.)	9 S.

(I)
Krieg

Typo-Zeichen, gesamt	(345 Zl. x 65 tZc.)	22425
Normalseiten à 1400 Typo-Zeichen	(22425 tZc. : 1400 tZc.)	16 S.

Populärwissenschaftlicher Zeitschriftenartikel:

(I)
Dustmann

Typo-Zeichen, gesamt	(493 Zl. x 36 tZc.)	177748
Normalseiten à 1400 Typo-Zeichen	(177748 tZc. : 1400 tZc.)	12,7 S.

(I)
Hambitzer/Dreher

Typo-Zeichen, gesamt	(205 Zl. x 36 tZc.)	7380
Normalseiten à 1400 Typo-Zeichen	(7380 tZc. : 1400 tZc.)	5,3 S.

(I)
Kreuer/Maier

Typo-Zeichen, gesamt	(250 Zl. x 40 tZc.)	10000
Normalseiten à 1400 Typo-Zeichen	(10000 tZc. : 1400 tZc.)	7,1 S.

Lexikon:

(I)
Brockhaus Naturwissenschaften und Technik

Typo-Zeichen, gesamt	(310 Zl. x 56 tZc.)	17360
Normalseiten à 1400 Typo-Zeichen	(17360 tZc. : 1400 tZc.)	12,4 S.

(I)
Elektronik Lexikon

Typo-Zeichen, gesamt	(134 Zl. x 48 tZc.)	6432
Normalseiten à 1400 Typo-Zeichen	(6432 tZc. : 1400 tZc.)	4,6 S.

(I)
Fachlexikon ABC Technik

Typo-Zeichen, gesamt	(26 Zl. x 46 tZc.)	1196
Normalseiten à 1400 Typo-Zeichen	(1196 tZc. : 1400 tZc.)	0,8 S.

(I)
Lexikon Elektrotechnik

Typo-Zeichen, gesamt	(119 Zl. x 48 tZc.)	5712
Normalseiten à 1400 Typo-Zeichen	(5712 tZc. : 1400 tZc.)	4 S.

(I)
TechnikLexikon

Typo-Zeichen, gesamt	(120 Zl. x 39 tZc.)	4680
Normalseiten à 1400 Typo-Zeichen	(4680 tZc. : 1400 tZc.)	3,3 S.

Fachzeitschriftenartikel:

(II)
Claus/König/Reuter

Typo-Zeichen, gesamt	(443 Zl. x 41 tZc.)	18163
Normalseiten à 1400 Typo-Zeichen	(18163 tZc. : 1400 tZc.)	13 S.

(II)
Gilke

Typo-Zeichen, gesamt	(181 Zl. x 35 tZc.)	6335
Normalseiten à 1400 Typo-Zeichen	(6335 tZc. : 1400 tZc.)	4,5 S.

(II)
Raap

Typo-Zeichen, gesamt	(88 Zl. x 36 tZc.)	3168
Normalseiten à 1400 Typo-Zeichen	(3168 tZc. : 1400 tZc.)	2,2 S.

(II)
Scheider

Typo-Zeichen, gesamt	(193 Zl. x 36 tZc.)	6948
Normalseiten à 1400 Typo-Zeichen	(6948 tZc. : 1400 tZc.)	5 S.

Lehrbuch:

(II)
Fachkunde Metall

Typo-Zeichen, gesamt	(365 Zl. x 95 tZc.)	21930
Normalseiten à 1400 Typo-Zeichen	(21930 tZc. : 1400 tZc.)	15,6 S.

(II)
Töpfer/Besch

Typo-Zeichen, gesamt	(164 Zl. x 82 tZc.)	13448
Normalseiten à 1400 Typo-Zeichen	(13448 tZc. : 1400 tZc.)	9,6 S.

Populärwissenschaftlicher Zeitschriftenartikel:

(II)
Eberhard-Metzger

Typo-Zeichen, gesamt	(195Zl. x 28 tZc.)	5460
Normalseiten à 1400 Typo-Zeichen	(5460 tZc. : 1400 tZc.)	3,9 S.

(II)		
Hess		
Typo-Zeichen, gesamt	(426 Zl. x 28 tZc.)	11929
Normalseiten à 1400 Typo-Zeichen	(11928 tZc. : 1400 tZc.)	8,5 S.
(II)		
Kayser		
Typo-Zeichen, gesamt	(4 Sp. x 42 Zl. x 44 tZc.)	7393
Normalseiten à 1400 Typo-Zeichen	(7392 tZc. : 1400 tZc.)	5,3 S.
(II)		
Schlegel		
Typo-Zeichen, gesamt	(202 Zl. x 48 tZc.)	9696
Normalseiten à 1400 Typo-Zeichen	(9696 tZc. : 1400 tZc.)	6,9 S.

Lexikon:

(II)		
Elektronik Lexikon		
Typo-Zeichen, gesamt	(380 Zl. x 48 tZc.)	18240
Normalseiten à 1400 Typo-Zeichen	(18240 tZc. : 1400 tZc.)	13 S.
(II)		
Fachlexikon ABC Technik		
Typo-Zeichen, gesamt	(184 Zl. x 46 tZc.)	8464
Normalseiten à 1400 Typo-Zeichen	(8464 tZc. : 1400 tZc.)	6 S.
(II)		
Lexikon Elektronik		
Typo-Zeichen, gesamt	(180 Zl. x 48 tZc.)	8640
Normalseiten à 1400 Typo-Zeichen	(8640 tZc. : 1400 tZc.)	6,1 S.

FORUM FÜR FACHSPRACHEN-FORSCHUNG

Die Bd. 1 bis 77 sind im Verlag Gunter Narr erschienen.

Bd. 78 Hartwig Kalverkämper: Textsortengeschichte und Fächertradition. Systeme im Wandel zwischen französischer Klassik und Aufklärung (1650–1750). ISBN 978-3-86596-175-4

Bd. 79 Jin Zhao: Interkulturalität von Textsortenkonventionen. Vergleich deutscher und chinesischer Kulturstile: Imagebroschüren. 392 Seiten. ISBN 978-3-86596-169-3

Bd. 80 Hartwig Kalverkämper/Klaus-Dieter Baumann (Hg.): Fachtextsorten – in – Vernetzung. 486 Seiten. ISBN 978-3-86596-160-0

Bd. 81 Henrike Täuscher: Fachlichkeit in der Werbung für Laien. Deutsche und französische Anzeigen im Vergleich. 262 Seiten. ISBN 978-3-86596-162-4

Bd. 82 Tim Peters: Macht im Kommunikationsgefälle: der Arzt und sein Patient. 212 Seiten. ISBN 978-3-86596-181-5

Bd. 83 Hans P. Krings/Felix Mayer (Hg.): Sprachenvielfalt im Kontext von Fachkommunikation, Übersetzung und Fremdsprachenunterricht. Für Reiner Arntz zum 65. Geburtstag. 530 Seiten. ISBN 978-3-86596-192-1

Bd. 84 Encarnación Tabares Plasencia/Vessela Ivanova/Elke Krüger (Eds.): Análisis lingüístico contrastivo de textos especializados en español y alemán. 258 Seiten. ISBN 978-3-86596-190-7

Bd. 85 Nancy Hadlich: Analyse evidenter Anglizismen in Psychiatrie und Logistik. 458 Seiten. ISBN 978-3-86596-380-2

Bd. 86 Eva Martha Eckkrammer (Ed.): La comparación en los lenguajes de especialidad. 302 Seiten. ISBN 978-3-86596-216-4

Bd. 87 Maria Mushchinina: Rechtsterminologie – ein Beschreibungsmodell. Das russische Recht des geistigen Eigentums. 396 Seiten. ISBN 978-3-86596-218-8

Bd. 88 Sylvia Reinart: Kulturspezifik in der Fachübersetzung. Die Bedeutung der Kulturkompetenz bei der Translation fachsprachlicher und fachbezogener Texte. 562 Seiten. ISBN 978-3-86596-235-5

Bd. 89 Radegundis Stolze: Fachübersetzen – Ein Lehrbuch für Theorie und Praxis. 3. Auflage. 420 Seiten. ISBN 978-3-86596-257-7

Bd. 90 Carmen Heine: Modell zur Produktion von Online-Hilfen. 318 Seiten. ISBN 978-3-86596-263-8

FORUM FÜR FACHSPRACHEN-FORSCHUNG

Bd. 91 Brigitte Horn-Helf: Konventionen technischer Kommunikation: Makro- und mikrokulturelle Kontraste in Anleitungen. 614 Seiten mit CD. ISBN 978-3-86596-233-1

Bd. 92 Marina Adams: Wandel im Fach. Historiographie von DaF als Fachsprachen-Disziplin in der DDR. 460 Seiten. ISBN 978-3-86596-269-0

Bd. 93 Carsten Sinner: Wissenschaftliches Schreiben in Portugal zum Ende des *Antigo Regime* (1779–1821). Die Memórias económicas der *Academia das Ciências de Lisboa*. 714 Seiten. ISBN 978-3-86596-277-5

Bd. 94 Laurent Gautier (éd.): Les discours de la bourse et de la finance. 186 Seiten. ISBN 978-3-86596-302-4

Bd. 96 Julia Neu: Mündliche Fachtexte der französischen Rechtssprache. 294 Seiten. ISBN 978-3-86596-351-2

Bd. 97 Mehmet Tahir Öncü: Probleme interkultureller Kommunikation bei Gerichtsverhandlungen mit Türken und Deutschen. 168 Seiten. ISBN 978-3-86596-387-1

Bd. 98/99 Klaus-Dieter Baumann (Hg.): Fach – Translat – Kultur. Interdisziplinäre Aspekte der vernetzten Vielfalt. 2 Bände im Schuber, zus. 1562 Seiten. ISBN 978-3-86596-209-6

Bd. 100 Hartwig Kalverkämper (Hg.): Fachkommunikation im Fokus – Paradigmen, Positionen, Perspektiven. 1040 Seiten. ISBN 978-3-7329-0214-9

Bd. 102 Anastasiya Kornetzki: Contrastive Analysis of News Text Types in Russian, British and American Business Online and Print Media. 378 Seiten. ISBN 978-3-86596-420-5

Bd. 103 Ingrid Simonnæs: Rechtskommunikation national und international im Spannungsfeld von Hermeneutik, Kognition und Pragmatik. 304 Seiten. ISBN 978-3-86596-427-4

Bd. 104 Svenja Dufferain: Tyronyme – zur strategischen Wortbildung französischer Käsemarkennamen. 140 Seiten. ISBN 978-3-86596-428-1

Bd. 105 Laurent Gautier (éd.): Figement et discours spécialisés. 158 Seiten. ISBN 978-3-86596-413-7

Bd. 106/107 Eva Martha Eckkrammer: Medizin für den Laien: Vom Pesttraktat zum digitalen Ratgebertext. 2 Bände im Schuber, zus. 1328 Seiten. ISBN 978-3-86596-312-3

Bd. 108 Lucia Udvari: Einführung in die Technik der Rechtsübersetzung vom Italienischen ins Deutsche. Ein Arbeitsbuch mit interdisziplinärem Ansatz. 316 Seiten. ISBN 978-3-86596-516-5

Frank & Timme

FORUM FÜR FACHSPRACHEN-FORSCHUNG

Bd. 109 Mehmet Tahir Öncü: Kulturspezifische Aspekte in technischen Texten. Eine Analyse deutsch- und türkischsprachiger Gebrauchsanleitungen. 212 Seiten. ISBN 978-3-86596-517-2

Bd. 110 Cornelia Griebel: Rechtsübersetzung und Rechtswissen. Kognitionstranslatologische Überlegungen und empirische Untersuchung des Übersetzungsprozesses. 432 Seiten. ISBN 978-3-86596-534-9

Bd. 111 Laura Sergo/Ursula Wienen/Vahram Atayan (Hg.): Fachsprache(n) in der Romania. Entwicklung, Verwendung, Übersetzung. 458 Seiten. ISBN 978-3-86596-404-5

Bd. 112 Birte Möpert: Die Fachsprache des Tanzes. 218 Seiten. ISBN 978-3-7329-0012-1

Bd. 113 Marina Brambilla/Joachim Gerdes/Chiara Messina (Hg.): Diatopische Variation in der deutschen Rechtssprache. 382 Seiten. ISBN 978-3-86596-447-2

Bd. 114 Christiane Zehrer: Wissenskommunikation in der technischen Redaktion. Die situierte Gestaltung adäquater Kommunikation. 406 Seiten. ISBN 978-3-7329-0032-9

Bd. 115 Tanja Wissik: Terminologische Variation in der Rechts- und Verwaltungssprache. Deutschland – Österreich – Schweiz. 394 Seiten. ISBN 978-3-7329-0004-6

Bd. 116 Larissa Alexandrovna Manerko/Klaus-Dieter Baumann/Hartwig Kalverkämper (eds.): Terminology Science in Russia today. From the Past to the Future. 460 Seiten. ISBN 978-3-7329-0051-0

Bd. 117 Georg Löckinger: Übersetzungsorientierte Fachwörterbücher. Entwicklung und Erprobung eines innovativen Modells. 322 Seiten. ISBN 978-3-7329-0053-4

Bd. 118 Kerstin Petermann: Verbale und nonverbale Vagheit in englisch- und deutschsprachigen Interviews. 418 Seiten. ISBN 978-3-7329-0061-9

Bd. 119 Encarnación Tabares Plasencia (ed.): Fraseología jurídica contrastiva español – alemán/Kontrastive Fachphraseologie der spanischen und deutschen Rechtssprache. 148 Seiten. ISBN 978-3-86596-528-8

Bd. 120 Klaus-Dieter Baumann/Jan-Eric Dörr/Katja Klammer (Hg.): Fachstile – Systematische Ortung einer interdisziplinären Kategorie. 216 Seiten. ISBN 978-3-7329-0105-0

Bd. 121 Jenny Brumme/Carmen López Ferrero (eds.): La ciencia como diálogo entre teorías, textos y lenguas. 348 Seiten. ISBN 978-3-7329-0130-2

Bd. 122 Ingrid Simonnæs: Basiswissen deutsches Recht für Übersetzer. Mit Übersetzungsübungen und Verständnisfragen. 202 Seiten. ISBN 978-3-7329-0133-3

FORUM FÜR FACHSPRACHEN-FORSCHUNG

Bd. 123 Silke Friedrich: Deutsch- und englischsprachige Werbung. Textpragmatik, Medialität, Kulturspezifik. 142 Seiten. ISBN 978-3-7329-0152-4

Bd. 124 Bernhard Haidacher: Bargeldmetaphern im Französischen. Pragmatik, Sprachkultur und Metaphorik. 368 Seiten. ISBN 978-3-7329-0124-1

Bd. 125 Chiara Messina: Die österreichischen Wirtschaftssprachen. Terminologie und diatopische Variation. 384 Seiten. ISBN 978-3-7329-0113-5

Bd. 126 Raimund Drommel: Sprachprofiling – Grundlagen und Fallanalysen zur Forensischen Linguistik. 338 Seiten. ISBN 978-3-7329-0158-6

Bd. 127 Krzysztof Nycz/Klaus-Dieter Baumann/Hartwig Kalverkämper (Hg.): Fachsprachenforschung in Polen. 328 Seiten. ISBN 978-3-7329-0211-8

Bd. 128 Peter Kastberg: Kondensation und Expansion in Fachtexten der Technik. 160 Seiten. ISBN 978-3-7329-0221-7

Bd. 129 Anja Centeno García: Textarbeit in der geisteswissenschaftlichen Lehre. 360 Seiten. ISBN 978-3-7329-0196-8

Bd. 132 Maria Mushchinina: Sprachverwendung und Normvorstellung in der Fachkommunikation. 450 Seiten. ISBN 978-3-7329-0293-4

Bd. 133 Agnes Goldhahn: Tschechische und deutsche Wissenschaftssprache im Vergleich. Wissenschaftliche Artikel der Linguistik. 226 Seiten. ISBN 978-3-7329-0332-0

Bd. 134 Natalya Zalipyatskikh: Didaktik der technischen Fachkommunikation. Methodologien, Konzepte, Evaluationen. 422 Seiten. ISBN 978-3-7329-0344-3

Bd. 135 Katja Klammer: Denkstile in der Fachkommunikation der Technik- und Sozialwissenschaften. Fakten und Kontraste im Deutschen und Englischen. 438 Seiten. ISBN 978-3-7329-0355-9

Bd. 136 Fabian Fahlbusch: Unternehmensnamen. Entwicklung – Gestaltung – Wirkung – Verwendung. 322 Seiten. ISBN 978-3-7329-0202-6

Bd. 137 Sabrina Brandt: Anglizismen – Sprachwandel in deutschen und norwegischen Texten der Informationstechnologie. 140 Seiten. ISBN 978-3-7329-0385-6

Bd. 138 Sascha Bechmann (Hg.): Sprache und Medizin. Interdisziplinäre Beiträge zur medizinischen Sprache und Kommunikation. 498 Seiten. ISBN 978-3-7329-0372-6

Bd. 139 Anastasia Mikhailova-Tucholke: Der französische Fachwortschatz im Bereich Solarenergie: Wortbildung und Lexikographie. 232 Seiten. ISBN 978-3-7329-0400-6

Frank & Timme

FORUM FÜR FACHSPRACHEN-FORSCHUNG

Bd. 140 Annikki Liimatainen/Arja Nurmi/Marja Kivilehto/Leena Salmi/Anu Viljanmaa/Melissa Wallace (eds.): Legal Translation and Court Interpreting: Ethical Values, Quality, Competence Training. 398 Seiten. ISBN 978-3-7329-0295-8

Bd. 141 Rosemarie Buhlmann/Anneliese Fearns: Handbuch des fach- und berufsbezogenen Deutschunterrichts DaF, DaZ, CLIL. 714 Seiten. ISBN 978-3-7329-0013-8

Bd. 142 Agnieszka Błażek: Einheit in Vielfalt: der Bologna-Prozess. Fachlexikologische und fachkommunikative Aspekte. 406 Seiten. ISBN 978-3-7329-0470-9

Bd. 143 Katrin Josephine Wagner: Die Sprache der Jäger – Ein Vergleich der Weidmannssprache im deutsch- und englischsprachigen Raum. 82 Seiten. ISBN 978-3-7329-0455-6

Bd. 144 Stefania Cavagnoli/Laura Mori (eds.): Gender in legislative languages. From EU to national law in English, French, German, Italian and Spanish. 256 Seiten. ISBN 978-3-7329-0349-8

Bd. 145 Damaris Borowski: Sprachliche Herausforderungen ausländischer Anästhesist(inn)en bei Aufklärungsgesprächen. Eine gesprächsanalytische Studie zu „Deutsch als Zweitsprache im Beruf". 388 Seiten. ISBN 978-3-7329-0502-7

Bd. 146 Thomas Bartz: Texte sprachbewusst optimieren. Ein linguistisches Kategoriensystem für die computergestützte Revision qualitätsrelevanter sprachlicher Merkmale in Texten. 218 Seiten. ISBN 978-3-7329-0514-0

Bd. 147 Lenka Vaňková (Hg.): Fachlichkeit und Fachsprachlichkeit in varianten Kontexten. 266 Seiten. ISBN 978-3-7329-0530-0

Bd. 148 Eva Wiesmann: Der notarielle Immobilienkaufvertrag in Italien und Deutschland. Eine kontrastive diachronische Untersuchung zur Bedeutung von Norm und Konvention sowie zur Entwicklung der Textsorte. 476 Seiten. ISBN 978-3-7329-0511-9

Bd. 149 Ingrid Simonnæs/Marita Kristiansen (eds.): Legal Translation. Current Issues and Challenges in Research, Methods and Applications. 410 Seiten. ISBN 978-3-7329-0366-5

Bd. 150 Thorsten Dick: Fachlich kommunizieren mit sich selbst. Verständlichkeit und Optimierung von Recherchenotizen. 274 Seiten. ISBN 978-3-7329-0553-9

Bd. 151 Kristina Pelikan: Enhancing and analysing Project Communication. 296 Seiten. ISBN 978-3-7329-0564-5

Bd. 152 Miriam Behschnitt: Die Fachtextsorte Gesetz. Eine kontrastive stilistische Untersuchung anhand des deutschen Aufenthaltsgesetzes und britischer *Immigration Acts*. 162 Seiten. ISBN 978-3-7329-0548-5

FORUM FÜR FACHSPRACHEN-FORSCHUNG

Bd. 153 Irena Vassileva/Mariya Chankova/Esther Breuer/Klaus P. Schneider (eds.): The Digital Scholar: Academic Communication in Multimedia Environment. 344 Seiten. ISBN 978-3-7329-0569-0

Bd. 154 Ingrid Simonnæs/Øivin Andersen/Klaus Schubert (eds.): New Challenges for Research on Language for Special Purposes. Selected Proceedings from the 21st LSP-Conference 28–30 June 2017 Bergen, Norway. 392 Seiten. ISBN 978-3-7329-0420-4

Bd. 155 Franziska Toscher: Die Fachsprache der Geschichtswissenschaft. Wissenstransfer – Subjektivität – Übersetzung. 388 Seiten. ISBN 978-3-7329-0554-6

Bd. 156 Jana Schumacher: Wissenschaftliche Zeitschriftenartikel und Letters der Physik und Informatik. Eine Mehr-Ebenen-Differenzierung. 332 Seiten. ISBN 978-3-7329-0615-4

Bd. 157 Peter Kastberg: Knowledge Communication. Contours of a Research Agenda. 136 Seiten. ISBN 978-3-7329-0432-7

Bd. 158 Alexander Holste: Semiotische Effizienz interfachlicher Sprache-Bild-Textsorten. Schreibprozesse bei Pflichtenheften technischer Ausschreibungen. 488 Seiten. ISBN 978-3-7329-0300-9

Bd. 159 Lenka Vaňková (Hg.): Das Fachwort in der Tagespresse. 160 Seiten. ISBN 978-3-7329-0628-4

Bd. 160 Alessandra Zurolo: Deutsche medizinische Lehrtexte. Eine diachronische Perspektive. 258 Seiten. ISBN 978-3-7329-0682-6

Bd. 161 Marina Adams/Klaus-Dieter Baumann/Hartwig Kalverkämper (Hg.): Fachkommunikationsforschung im Spannungsfeld von Methoden, Instrumenten und Fächern. 416 Seiten. ISBN 978-3-7329-0783-0

Bd. 162 Giuliana Elena Garzone/Paola Catenaccio: Ethics in Professional and Corporate Discourse. Linguistic Perspectives. 202 Seiten. ISBN 978-3-7329-0806-6

Bd. 163 Ursula Wienen/Tinka Reichmann/Laura Sergo (Hg.): Syntax in Fachkommunikation. 550 Seiten. ISBN 978-3-7329-0821-9

Bd. 164 Marina Adams/Klaus-Dieter Baumann/Hartwig Kalverkämper (Hg.): Zukunftsformate der Fachkommunikationsforschung. Wissenstransfer – Bildung – Interlingualität. 350 Seiten. ISBN 978-3-7329-0800-4

Bd. 165 Harald Weinrich: Sprache, das heißt Sprachen. Plädoyer für die sprachliche Vielfalt. 520 Seiten. ISBN 978-3-7329-0879-0